MÉMOIRES

POUR SERVIR A

L'HISTOIRE NATURELLE

DU

MEXIQUE

DES ANTILLES ET DES ÉTATS-UNIS

PAR

HENRI DE SAUSSURE

Membre de la Société de Physique et d'Histoire naturelle de Genève, Président de la Société entomologique suisse,
Correspondant de la Commission scientifique du Mexique, de la Société Philomatique de Paris,
de la Société impériale des Naturalistes de Moscou, des Académies de Philadelphie et de la Nouvelle-Orléans,
de la Société de Senkenberg et de celle d'Histoire naturelle de Hambourg, etc.

IVme LIVRAISON

ORTHOPTÈRES — BLATTIDES

GENÈVE
HENRI GEORG
Corraterie, 10

PARIS
V. MASSON & FILS
École de Médecine

1864

GENÈVE. — IMPRIMERIE RAMBOZ ET SCHUCHARDT.

Ces insectes sont très-remarquables par leurs élytres, qui offrent une vénulation presque analogue à celle de certains hyménoptères (Chalcidides). Ils diffèrent des *Holocompsa* par ces organes, qui sont membraneux dans presque toute leur étendue.

80. Hypercompsa fenestrina, Sauss. (fig. 27).

Parvula, fusco-nigra, pronoto et capite fusco-hirtis et fimbriatis; tegminibus pellucidis, stigmatibus, venis et margine antico, fuscis, opacis; antennarum apice, macula in elytri basi cercisque, albidis.

H fenestrina, Sauss. Revue de Zoolog. XVI, 1864, n° 45.

♀. Prothorax lisse, revêtu de poils bruns-fauves; son bord antérieur notablement plus arqué que le postérieur; ses côtés un peu infléchis en bas; le disque offrant deux sillons ondulés convergents d'arrière en avant et, en outre, un double sillon longitudinal médian. Élytres hyalins; leurs parties opaques, poilues; le stigma obliquement strié; la cellule marginale, piriforme, allongée; la seconde, qui lui est contiguë, notablement plus courte, presque contiguë au bord postérieur du champ anal; la nervure arquée qui la forme émettant comme de petits rayons rudimentaires vers le champ postérieur; champ anal membraneux, offrant une bande opaque le long de la nervure humérale, et son bord interne émettant un rudiment de nervure de partage qui ne s'avance pas jusqu'au milieu du champ transparent. Le champ discoïdal offrant quelques très-fines nervures longitudinales (5 à l'élytre gauche, 7 au droit) qui n'atteignent pas les veines qui forment les cellules. Ailes transparentes; leurs deux stigmas bien moins grands que chez les *Holocompsa;* le premier opaque; le deuxième triangulaire, strié de lignes transparentes. Dans le champ postérieur, 5-6 fines nervures longitudinales. Les bords des élytres et des ailes, striés. Plaque sous-génitale carénée.

Couleur d'un brun noirâtre; pattes brunes; antennes brunes, puis blanchâtres au delà du milieu (l'extrémité manque). Une tache blanchâtre à la base de l'élytre; filets anaux très-longs, blanchâtres.

Habite : Le Brésil. (Musée de Senkenberg. Communiqué par M. le lieutenant de Heyden.)

Fig 27. *Hypercompsa fenestrina*, Sauss. ♀, grossie. (Cette figure a été renversée sur la planche; l'élytre et l'aile représentés sont ceux du côté gauche, non du droit.)

LÉGION DES DIPLOPTÉRIENS.

Élytres *cornés, dénués de sillon anal, ne dépassant guère l'abdomen, et offrant vers leurs insertions une saillie presque en forme de tubercule.*

Ailes *pliées longitudinalement en deux, dépassant les élytres, mais leur extrémité se repliant en dessus au repos, de manière que toute l'aile soit couverte par l'élytre. Le champ anal atteignant le bout de l'aile; l'échancrure anale située, non à la limite du champ antérieur et du champ anal, mais plus en arrière.*

Les *Diploptériens* se distinguent facilement des autres Blattes mutiques par leurs élytres cornés, glabres et dénués de sillon anal. Ils ont un certain facies de Coléoptères qui permet de les reconnaître à première vue. Leurs corps est bombé, lisse et luisant, et leurs élytres durs et convexes emboîtent exactement le corps sans le dépasser notablement; ces organes sont fort peu croisés par leur bord interne, en sorte que leur suture est presque droite.

Les insectes de ce groupe sont très-voisins des *Anaplecta*; ils ont, comme ces derniers, les ailes pliées longitudinalement en deux, avec l'extrémité renversée en dessus suivant un pli transversal; mais ceux-ci en diffèrent par leurs formes aplaties et par la présence aux élytres d'un sillon anal très-prononcé [1].

Description de l'aile des Diploptériens.

Les ailes offrent dans ce groupe un mode de duplicature fort remarquable qui n'a pas d'analogue que nous sachions chez les insectes, et qui ne semble pas avoir été

[1] Il est probable que le genre *Anaplecta* devra être réuni à la Légion des Prosoplectiens, qui recevrait alors une définition un peu plus large. En effet, nous n'avons pas réussi à trouver des épines aux cuisses des *Anaplecta*, mais nous avons néanmoins cru devoir laisser figurer ses insectes dans la tribu des *Épinenses* sur la foi de Burmeister, ne possédant pas les matériaux nécessaires pour nous livrer à une étude approfondie du genre *Anaplecta*. Nous admettons, du reste, que le caractère tiré de la duplicature de l'aile est d'un rang supérieur à celui de la présence ou de l'absence des épines fémorales, en sorte qu'il sera probablement convenable de réunir les *Anaplecta* aux Prosoplectiens pour en former une tribu distincte.

décrit encore [1]. Elles se plient en quatre ou cinq doubles à la manière d'une serviette et au moyen d'un mécanisme assez compliqué. Leur structure mérite donc d'être expliquée dans ses détails.

A première vue, les ailes des Diploptériens semblent offrir une forme tout analogue à celle qu'on connaît chez les autres Blattides. On y remarque deux champs distincts : l'un grand, allongé, à veines longitudinales, qui forme l'extrémité de l'organe (fig. 1, P), l'autre beaucoup plus court, placé en arrière du premier, à veines rayonnantes, et se plissant en éventail (fig. 1, r). Le premier se présente donc comme l'analogue du champ antérieur, vu sa grandeur et sa forme, et le second comme l'analogue du champ postérieur, à cause de sa position, de sa structure et de l'incision qui, au bord postérieur, le sépare du premier champ ; exactement comme dans le type normal la limite entre le champ postérieur et l'antérieur est marquée par une échancrure du bord postérieur de l'aile. Mais on ne tarde pas à reconnaître que les contours de l'organe revêtent ici une forme trompeuse, car l'examen de la vénulation, loin de confirmer cette apparente analogie, prouve au contraire que les champs normaux ne correspondent pas à ceux qu'on est tenté de considérer comme tels dans le présent type en se basant sur les formes générales. On est alors tenté de voir dans l'aile des Diploptériens une exception singulière qui échappe à la loi d'unité organique, et il faut quelque effort pour ramener la structure de cet organe à celle qui caractérise le type normal chez les Blattides.

Fig. 1.

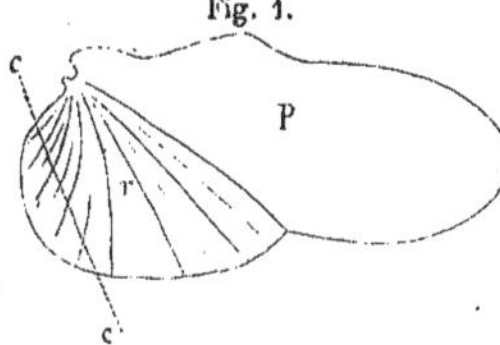

Afin de faciliter l'analyse qui va suivre, nous donnerons au grand champ antérieur P le nom de *partie principale* et au petit champ postérieur r celui de *partie rayonnée*.

Duplicature. La *partie principale* se plie d'abord en deux suivant un pli longitudinal qui la partage en deux parties plus ou moins égales (fig. 2, A, B) [2]. La duplicature s'opère de manière que la moitié antérieure reste étendue à plat, tandis que

[1] Burmeister dit seulement que l'extrémité de l'aile se réfléchit en haut pour se cacher sous l'élytre.

[2] Fig. 1.—3, aile dépliée de *Hololampra porcelana*; r, partie rayonnée postérieure.

Fig. 1.—P, partie principale ; r. partie rayonnée.

Fig. 2.—A, zone antérieure ; B, zone renversée.

Fig. 3, 4, — a a', zone antérieure ; b b', zone renversée.

Fig. 3.—a b, portion basilaire ; a' b', portion réfléchie.

Fig. 4, Aile pliée en long, n'offrant plus à la vue que la zone antérieure, la zone renversée étant appliquée sous celle-ci. — r', lobe interne de la partie rayonnée faisant saillie.

Fig. 2.

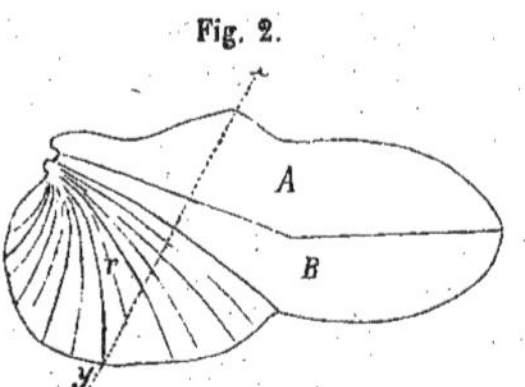

la moitié postérieure B se renverse en dessous et s'applique comme un second feuillet sous la moitié antérieure (fig. 4). Nous nommerons *zone antérieure* (fig. 2, A) la portion de l'aile placée en avant du pli, et *zone renversée* (B) la portion placée en arrière de ce dernier, qui se rabat en dessous en pivotant sur l'axe longitudinal.

Le champ principal ainsi replié, se brise ensuite suivant un pli transversal (fig. 4) et sa portion terminale (a') se renverse en dessus pour s'appliquer sur la portion basilaire (a), de manière que l'extrémité de l'aile se trouve tournée vers la base. Nous nommerons *portion basilaire* de l'aile ou de ses zones, celle qui se trouve en deçà du pli transversal (fig. 4, a; fig. 3, a, b), et *portion réfléchie* la partie qui s'étend au delà du pli et qui se renverse en dessus (fig. 4, a' ; fig. 3, a', b').

Fig. 3.
Aile dépliée.

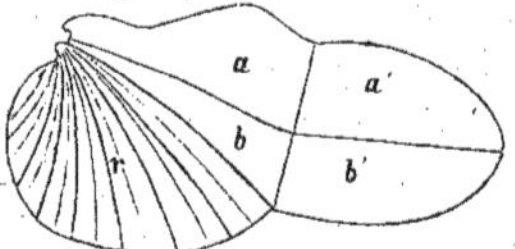

Fig. 4.
Aile pliée suivant son axe longitudinal.

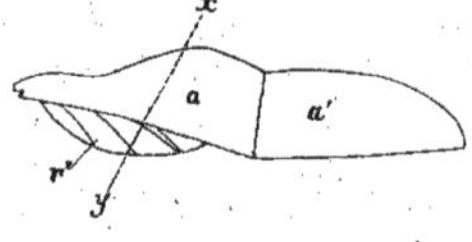

Lorsque l'organe est développé, la partie principale est donc coupée en quatre quarts par deux plis qui s'entrecroisent (fig. 3, $a\,a'$, $b\,b'$), et chacune des deux zones possède une portion *basilaire* et une portion *réfléchie* [1]. Lorsque l'aile est au repos, ces quatre quarts sont superposés les uns aux autres, et la partie principale (fig. 1, P) se trouve alors pliée en quatre doubles et forme un paquet qui ne dépasse guère les limites de la portion basilaire de la zone antérieure (a, fig. 3 et 4).

Mais il reste encore à réduire le champ rayonné (r). Celui-ci ne dépasse pas en longueur la portion basilaire du champ principal, en sorte qu'il n'a pas à se replier transversalement. Il se renverse donc simplement en se plissant en éventail sous le paquet formé par le champ principal, c'est-à-dire sous la portion basilaire (b) de la zone renversée du champ principal, laquelle est déjà appliquée sous la portion basilaire (a) de la zone antérieure. Dans cette situation, le bord antérieur du champ

[1] Fig. 3. a, portion basilaire de la zone antérieure; a', portion réfléchie de la même zone.
b, portion basilaire de la zone renversée; b', portion réfléchie de la même zone.
$a\,b$, portion basilaire de la partie principale; $a'b'$, portion réfléchie de la partie principale.

rayonné se trouve placé sous la côte de l'aile, le bord postérieur de la zone renversée, auquel il est fixé l'ayant entraîné jusque-là. Lorsque le champ rayonné (r) est large, il peut arriver que son lobe interne dépasse le bord postérieur du paquet alaire (fig. 4, r'); alors ce lobe se renverse encore une fois en dessous, suivant un pli qui coupe obliquement les derniers rayons axillaires (fig. 1, c c), en sorte que ceux-ci se brisent obliquement pour permettre à la duplicature de s'effectuer. Lorsque, au contraire, la partie a' est notablement moins large que la partie a, et que la zone rayonnée est peu ample, elle peut encore s'empaqueter en se plissant sous le bord antérieur de la portion a, et en faisant suite à la portion b.

Nous chercherons à compléter l'explication de la duplicature de l'aile chez les Diploptériens au moyen de quelques figures théoriques qui en représentent la coupe.

Soit figure 5 la coupe transversale de la première moitié de l'aile dépliée; a, b, la partie principale et r la partie rayonnée postérieure; p le point où se fait le pli longitudinal; a la zone antérieure; b la zone renversée [1]. La figure 6 représentera la coupe de l'aile pliée suivant ses plis longitudinaux seulement, comme sur la figure 4. La figure 7 représentera la coupe de l'aile complétement pliée, la portion réfléchie (a', fig. 4) étant appliquée contre la portion basilaire (a, fig. 4) : $c\,p$, $p\,q$, $q\,z$, comme figure 6; $c'\,p'$ et $p'\,q'$, les deux feuillets de la portion réfléchie renversée en dessus; a, b, a', b', comme figure 4.

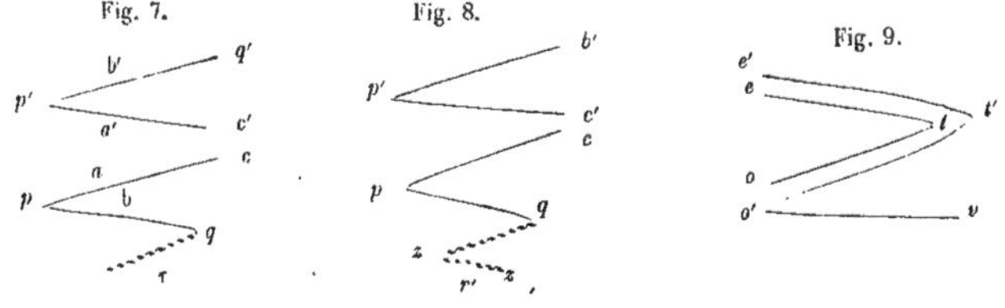

[1] Fig. 5—8. Coupe transversale de la première moitié de l'aile; c, la côte ou bord antérieur; $c\,q$, partie principale; p, axe du pli longitudinal de ce champ; $q\,z$, partie rayonnée postérieure; a, zone antérieure (partion basilaire); b, zone renversée (portion basilaire); a', zone antérieure (portion réfléchie); b', zone renversée (portion réfléchie).

Fig. 5. Aile dépliée; coupe suivant la ligne $x\,y$ de la figure 2.

Fig. 6. Aile pliée suivant ses plis longitudinaux; coupe suivant la ligne $x\,y$ de la figure 4.

Fig. 7. Aile entièrement repliée; les lettres primées représentent la *portion réfléchie*.

Fig. 8. Aile avec le lobe interne du champ rayonné renversé une seconde fois $= z\,z'$, ce lobe qui dépasse le bord postérieur (interne) du paquet alaire et qui se réfléchit en dessous (fig. 4, r').

L'aile ainsi repliée offre donc, pour le champ principal quatre doubles ; pour son ensemble cinq doubles (fig. 7). Lorsque le lobe interne du champ rayonné se replie encore en dessous, on a la coupe représentée figure 8, ce qui donne presque six doubles. La coupe longitudinale de l'aile au repos serait la suivante (fig. 9) : — *o*, *o'*, les articulations de l'aile ; *t*, *t'* le pli transversal ; *e*, l'extrémité de l'aile ; *v*, l'extrémité du champ rayonné [1].

Structure des plis. Le pli longitudinal et le pli transversal de la partie principale forment deux axes de charnières qui se coupent au milieu ou vers l'extrémité de l'aile, suivant que la portion *réfléchie* est plus ou moins grande. Les charnières qui permettent aux quatre champs de se replier les uns sur les autres sont formées par une membrane souple, soutenue par des points solides.

Pli longitudinal. Dans la portion basilaire, l'axe simple est placé entre deux veines cornées parallèles ou contiguës qui lui servent d'appui ; dans la portion réfléchie ou terminale, il est très-variable suivant les genres.

Pli transversal. La charnière transversale est plus solidement construite. Dans la portion basilaire, elle est formée par des veines transversales qui relient entre elles les veines longitudinales. Dans la porton réfléchie, elle est formée par des veines analogues (*Diploptera*, pl. II, fig. 28), à moins que le champ réfléchi ne soit tout entier coriacé et assez solide pour se passer des nervures (*Plectoptera*, p. 164, fig. 11), ou assez petit pour n'en pas exiger (*Prosoplecta*, page 162, fig. 10).

Vénulation et analogies des zones. Comme nous l'avons vu, l'aile se partage longitudinalement en trois zones :

1° La zone placée en avant du pli longitudinal ou *zone antérieure*.

2° La zone rabattue en arrière du pli longitudinal ou *zone renversée*.

3° La *zone rayonnée* postérieure, qui se plisse en éventail.

Les deux premières constituent à elles deux la *partie principale* de l'organe. L'étude de la vénulation de l'aile des Diploptériens montre que la première zone offre une vénulation tout analogue à celle du *champ antérieur* de l'aile normale des Blattes, en sorte qu'on doit l'envisager comme étant exactement l'analogue de ce champ. On y distingue, en effet (p. 162 et 164, fig. 10, 11), les deux branches de la veine sca-

[1] Fig. 9. Coupe longitudinale de l'aile repliée.
o et *o'*, articulations de l'aile au tronc.
o t, portion basilaire de la zone antérieure . . . . = *a* (fig. 3).
t e, portion réfléchie de la zone antérieure . . . . =*a'* (*id.*)
o' t', portion basilaire de la zone renversée . . . . =*b* (*id.*)
t' e', portion réfléchie de la zone renversée . . . . =*b'* (*id.*)
o' v, champ rayonné postérieur . . . . =*r* (*id.*)

pulaire (*s*, *s'*); la veine humérale avec quelques veines costales (*h*), l'aire vitrée plus ou moins réticulée, partagée par une v. vitrée simple (*v*) ; la v. discoïdale simple ou bifurquée (*d*). Une seconde veine discoïdale simple (*d'*) et une veine anale (*a*).

La première zone n'est donc pas autre chose que le *champ antérieur* de l'aile.

Ce point élucidé, il en découle que la deuxième zone, qui fait suite à la première, ne peut être, en vertu de sa connexion, que l'analogue de la première partie du champ anal, et c'est aussi ce que prouve son articulation au thorax ; la zone antérieure a une articulation séparée (fig. 9, *o*), comme le champ antérieur dans le type normal, tandis que la zone renversée n'a qu'une articulation commune avec la zone rayonnée *o'*. Ainsi la zone renversée n'est bien que la partie antérieure du champ anal ; seulement ici cette surface ne se plisse pas, mais ne fait que se renverser en dessous[1]; ses veines deviennent fortes et rameuses comme celles du champ antérieur[2], en raison de la longueur de cette zone et afin d'avoir la force de supporter la portion articulée.

Ainsi chez les Diploptériens, la partie antérieure du champ anal se comporte, quoique à un degré plus avancé, comme celui de divers autres Blattides où ce champ prend des nervures rameuses et se renverse sans se plisser. Mais le cas exceptionnel qui se présente chez les Diploptériens et qui rend leurs ailes en apparence si différentes du type normal, c'est que la première partie du champ anal (zone renversée) devient aussi longue que le champ antérieur, de manière à s'étendre jusqu'au bout de l'aile, à faire symétrie avec le champ antérieur, et à prendre, à cause de son appendice articulé (portion réfléchie), un aspect tout différent de celui qu'il revêt dans le type normal.

La troisième zone ou *partie rayonnée* représente donc ici, non pas l'analogue du champ anal, comme on ne peut manquer de le supposer à première vue, mais seulement l'analogue de la partie postérieure de ce dernier. Il a conservé sa structure normale, tandis que la partie antérieure du champ anal (la zone renversée) l'a perdue.

La division des champs de l'aile des Diploptériens, telle que nous l'envisageons ici en la basant par analogie sur la vénulation, se confirme entièrement par l'ordre de la duplicature de ces champs. En effet, la *zone renversée* se renverse sous le champ antérieur, exactement comme le fait la première moitié du champ anal chez toutes les Blattides, avec cette seule différence qu'ici elle ne se plisse pas ; le champ rayonné se renverse ensuite une seconde fois en dessous en sens contraire, comme le fait très-souvent la seconde moitié du champ anal[3]. Quant à la duplicature transversale, elle

[1] Le champ postérieur tout entier se renverse du reste sans se plisser dans divers genres, par exemple chez les *Holocompsa*, *Corydia*, etc.

[2] La tendance vers cette forme se voit chez diverses *Periplaneta*, où les veines axillaires deviennent rameuses et fortes.

[3] Chez la *Periplaneta orientalis* ♂ on observe une duplicature alaire longitudinale presque identique,

n'arrive qu'après la duplicature longitudinale, et elle ne doit être envisagée que comme un simple expédient auquel recourt la nature pour ramener sous les élytres la portion de l'aile qui les dépasse.

Afin de résumer ce qui précède, nous dirons donc que, pour établir l'unité de composition organique dans l'aile des Diploptériens, il faut envisager l'organe en état d'extension sans tenir compte du pli transversal, et le diviser en trois parties par des lignes longitudinales. Alors :

L'espace situé en avant du pli longitudinal est le champ antérieur.

L'espace situé entre ce pli et le champ rayonné est la première partie du champ postérieur ou anal.

L'espace rayonné est la seconde moitié du champ postérieur ou anal.

La première zone peut donc se nommer indifféremment *zone antérieure* ou *champ antérieur*.

La deuxième ne peut être appelée que *zone renversée*.

La troisième ne doit pas être désignée par le terme de *champ anal* ou *postérieur*, puisqu'elle ne représente qu'une partie de ce champ; c'est pourquoi nous l'avons nommée *partie rayonnée* ou *zone rayonnée*.

Il resterait maintenant à élucider à quoi correspond la portion articulée de l'aile que nous avons nommée *portion réfléchie*, et qui ne semble pas exister dans le type normal. Cette question trouvant naturellement sa place dans un paragraphe suivant, nous nous bornerons ici à y renvoyer [1].

Déploiement et reploiement de l'aile. L'action qui permet aux ailes de se déployer et de se replier d'une manière si compliquée ne paraît pas dépendre d'aucun mécanisme musculaire particulier. Nous supposons que la membrane souple qui forme les charnières tient l'aile pliée au repos par sa seule force élastique. En effet, lorsqu'on cherche à déplier ces ailes après les avoir détachées du corps, on a beaucoup de peine à maintenir les doubles séparés; ils se referment naturellement les uns sur les autres. La cause qui opère le développement des ailes pourrait résider dans la pression de l'air que l'insecte insuffle dans les trachées; mais il est fort possible que l'organe soit forcé de se déplier par le seul fait que sa partie antérieure est déviée en

quant au principe, à celle qui caractérise les Diploptériens. En effet, l'aile est tronquée à l'extrémité, en sorte que le champ antérieur n'est guère plus long que le champ postérieur ou anal; la première moitié du champ anal est parcouru par des nervures rameuses, et elle se renverse sans se plisser; la seconde moitié du champ anal a une structure rayonnée; elle se renverse une seconde fois sous sa partie antérieure, mais en se plissant. Si l'on tronquait l'aile des Diploptériens au niveau du pli transversal, de manière à en supprimer toute la portion articulée (réfléchie), on aurait une aile fort analogue à celle de l'espèce citée.

[1] Voyez page 161 et suivantes, et en particulier page 162.

avant par les muscles du thorax. En effet, lorsqu'on dévie ainsi l'aile d'une Blatte quelconque en la saisissant par son bord antérieur, on voit l'organe s'étaler, et il faut forcément que les plis longitudinaux disparaissent, puisque ceux-ci se forment au repos seulement par le fait que le bord antérieur se porte en arrière, en sorte que la surface de l'aile se rassemble sur un petit espace en se ramassant sur le dos de l'insecte. Or, les plis longitudinaux, en se dépliant, obligent la portion réfléchie en dessus à s'étaler aussi, attendu que l'aile ne peut se développer en largeur sans que le pli transversal se déploie lui-même entièrement[1]. Tant que l'aile est développée, son extrémité ne peut se replier transversalement en dessus, attendu que le pli d'une de ses deux moitiés est à l'inverse de celui de l'autre[2]. Mais du moment où l'aile s'est doublée longitudinalement, le pli transversal des deux doubles se fait dans le même sens, et l'élasticité de la charnière doit suffire pour obliger l'extrémité à se réfléchir en avant. Nous pensons donc que la seule action musculaire qui imprime au bord antérieur de l'aile un mouvement en avant ou en arrière peut suffire, au besoin, pour faire déployer ou reployer l'aile, quelque compliquée que soit sa duplicature.

Passage du type normal au type des Diploptériens. Après avoir montré que l'aile des Diploptériens rentre bien dans le système alaire des Blattes, il me reste à indiquer par quelles transitions naturelles les deux types passent de l'un à l'autre.

Rappelons d'abord que dans le type normal l'aile se divise en deux parties distinctes (pl. I, fig 3) : 1° le *champ antérieur* DM, qui forme l'extrémité de l'aile, qui ne se plisse pas et dont la vénulation est longitudinale ; 2° le *champ postérieur* ou *anal* A, dont la vénulation est rayonnée et qui se plisse en éventail.

La limite de ces deux champs est marquée par une échancrure du bord externe (pl. I, fig. 3, 4, *e*).

Passons maintenant aux *Diploptériens*.

I. Genre **Prosoplecta** (page 162, fig. 10). Ici le caractère des Diploptériens ne fait encore qu'apparaître ; il n'est pas encore très-développé.

1° Le champ anal[3] se prolonge déjà presque aussi loin que le champ antérieur, et concourt avec lui à former l'extrémité de l'aile.

2° La partie antérieure de ce champ, qui devient la zone renversée (*b b'*), n'est plus rayonnée, mais elle a une vénulation rameuse, en sorte que cette zone ne se

[1] Il est facile de se rendre compte de ce fait au moyen d'une feuille de papier qu'on plie en quatre doubles, en imitant la duplicature de la partie principale de l'aile des *Diploptera*, et qu'on cherche à déployer par l'extrémité qui représente la base de l'organe.

[2] Fig 3. Le pli qui sépare *a* de *a'* est en rainure, tandis que le pli qui sépare *b* de *b'* est en arête.

[3] Toute la partie située en arrière du pli longitudinal, *l l'*.

plisse déjà plus. Cependant elle n'est pas encore assez grande pour devenir la symétrique du champ antérieur ; elle ne possède encore qu'un seul tronc de nervures et n'offre pas le long de la charnière de nervures transversales. La zone renversée a donc encore un caractère mixte, intermédiaire entre celui du champ anal rayonné et celui du champ antérieur.

3° L'échancrure anale qui, dans le type normal, tombe sur le bord postérieur, à l'extrémité de la veine anale (soit ici à l'extrémité du pli longitudinal), est refoulée plus en arrière. Or, qu'est-ce que l'échancrure anale ? pas autre chose qu'un angle rentrant accidentel, formé par la rencontre des bords inégalement arqués de deux champs d'inégale grandeur. Dans le type normal, elle marque la limite du champ antérieur et du champ anal rayonné ; elle doit donc se trouver dans les types aberrants

Fig. 10.

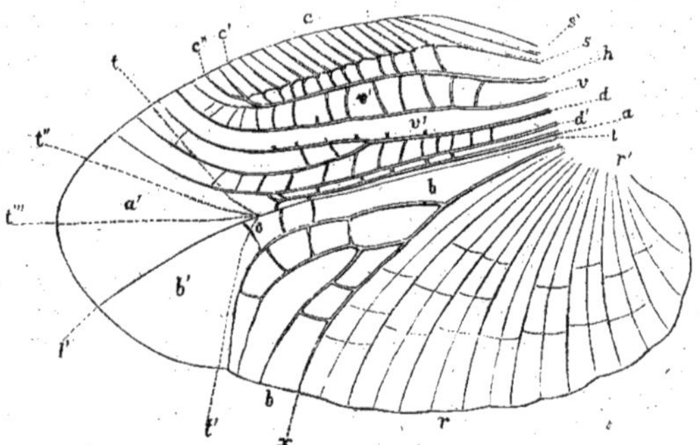

sur la limite des deux parties de l'aile qui remplissent pour ainsi dire l'office de ces deux champs. Lorsque la portion antérieure du champ anal viendra se joindre au champ antérieur, cette échancrure sera reléguée en arrière, sur la limite de cette portion et de celle qui conservera les fonctions du champ anal. Dans le genre *Prosoplecta*, elle est déjà assez déviée en arrière pour tomber au milieu de la marge de la zone renversée, ce qui confirme le fait déjà énoncé que cette zone a encore un caractère mixte, intermédiaire entre celui du champ rayonné et celui du champ antérieur.

4° La portion réfléchie (a' b') est encore très-petite, elle ne forme qu'un petit lobe terminal demi-membraneux, dénué de nervures ; la charnière est encore toute membraneuse et n'offre pas d'appuis solides ; l'axe longitudinal y est encore indécis, mal induré. La moitié renversée (b') est coupée obliquement, et notablement moins grande que la moitié antérieure (a'). Enfin, envisagée dans son ensemble, la portion réfléchie a la forme d'un coin triangulaire qui est comme intercalé entre le champ antérieur et le postérieur. Aussi sa duplicature transversale ne peut-elle s'effectuer que suivant la ligne oblique du bord antérieur de ce triangle (t).

5° Les veines du champ antérieur et du champ postérieur ne pénètrent pas dans le triangle réfléchi qui n'appartient encore ni à l'un ni à l'autre de ces champs, mais elles sont déviées en avant et en arrière vers les marges, comme pour faire place au triangle qui forme l'extrémité de l'aile.

De la portion réfléchie de l'aile. Cette portion forme ici un triangle intercalé qui, à en juger par la direction des nervures, a l'air de pénétrer comme un coin entre les deux champs de l'aile[1]. En recherchant si dans l'aile normale cette surface n'a pas d'équivalent, il serait difficile de méconnaître son analogie avec le petit triangle membraneux qui unit l'extrémité des deux champs (pl. I, fig. 10, a'), en remplissant le petit espace que la rondeur de leurs lobes terminaux laisse libre. Chez les *Prosoplecta*, ce triangle s'agrandit au point de former lui-même l'extrémité de l'aile, et il s'avance entre les deux champs en les refoulant de droite et de gauche, comme l'indique la forme arquée de leurs nervures (voyez la figure ci-dessus).

Dans le présent type, le pli transversal sur lequel tourne l'appendice articulé, n'est pas encore une ligne droite transversale, mais il suit les bords de cet appendice et forme la ligne brisée t, t', en sorte que la portion réfléchie se brise suivant l'axe oblique formé par la ligne t (car lorsque la zone *renversée* est repliée en dessous, la ligne t' vient tomber sur la ligne t)[2]. La portion réfléchie se renverse donc obliquement en avant suivant l'axe t et elle dépasse un peu au repos la marge antérieure de l'aile. Observons cependant que la zone renversée est moins grande que la zone antérieure, et que l'extrémité l' du pli longitudinal l se dévie un peu en arrière, d'où il résulte que la portion a' est notablement plus grande que b'. Si donc l'aile formait une surface plane, le pli t' ne pourrait pas venir tomber sur le pli t lorsque la zone renversée b, b' basculerait autour de l'axe longitudinal $l\ l'$; mais t' tomberait sur une autre ligne moins divergente (soit par exemple sur t'' ou sur tout autre). Or l'aile forme, au contraire, une surface convexe, et il se trouve que le pli t' tombe bien sur t lorsque la

[1] Il est même à présumer que matériellement il en est ainsi et que, durant le développement de l'organe, ce triangle exerce une pression contre l'extrémité des deux champs, pression qui ne permet pas aux nervures de se développer en ligne droite

[2] Il est à remarquer que l'aile étant très-convexe, la projection horizontale n'en conserve pas entièrement les proportions ou les formes, et que les plis étant pratiqués dans une surface gauche ils forment des lignes courbes.

zone renversée est repliée sous la zone antérieure. Pour que cela soit possible, il faut que la portion a' se ploie et devienne convexe, en forme de voûte conique, tandis que la portion correspondante b', qui est beaucoup moins grande, reste plane en soustendant la portion a'. La portion réfléchie (a') de la zone antérieure ne pourra donc se rabattre en dessus qu'à condition de former un pli rentrant en se brisant suivant les axes t'' et t''' [1]. Ce dernier pli est sans doute fort singulier, mais il ne faudrait pas en exagérer l'importance ; nous pensons qu'on doit l'envisager comme un simple accident devenu inévitable par le fait que, lorsque l'aire a' se renverse en dessus, pour s'appliquer à plat à la surface de l'aile comme le feuillet d'un double de serviette, elle est obligée de se fausser pour perdre sa convexité et pour diminuer sa surface de manière à la rendre égale à celle de l'aire correspondante b' [2].

II. Genre **Plectoptera** (fig. 11). Chez ce type, la nature a fait un grand pas de plus dans la transformation de l'aile.

1° Le champ anal est devenu assez long pour que la portion réfléchie de la zone renversée soit parfaitement symétrique de celle de la zone antérieure ; le pli longitudinal partage la portion réfléchie en deux moitiés égales qui se ferment l'une sur l'autre comme deux feuillets d'un livre, en sorte qu'il ne se forme plus de pli secondaire dans l'aire a'.

2° La partie antérieure du champ anal (ou zone renversée) participe déjà entièrement du caractère du champ antérieur, et sa vénulation imite celle de ce champ ; elle offre deux fortes veines, et la charnière est bordée par des veines transversales.

Fig. 11.

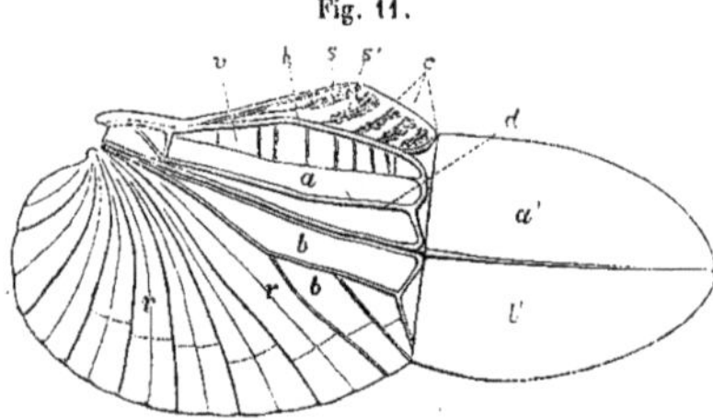

[1] Le pli t'' est en saillie ; le pli t''' est rentrant.

[2] Il découle de ceci : 1° Que la duplicature compliquée de l'aile des *Prosoplecta* ne répond pas à un type spécial, mais qu'elle est seulement la conséquence forcée de la forme qu'a prise l'aile. 2° Que cette duplicature est encore imparfaite, puisque l'extrémité de l'aile dépasse au repos le bord antérieur de la côte (c). Elle se présente comme un simple état transitoire résultant d'une sorte de tâtonnement de la nature et qui conduira au type suivant.

3° L'échancrure anale a continué à reculer; elle ne se trouve plus placée sur le bord de la zone renversée, mais à la limite de celle-ci et de la zone rayonnée. C'est dire que la partie antérieure du champ anal n'appartient plus à ce champ, mais que, de fait, il a passé dans le champ antérieur, tandis que le champ anal est réduit à la zone rayonnée.

4° La portion réfléchie de l'aile est devenue très grande, aussi grande que la portion basilaire. Il a fallu que l'axe du pli transversal devînt perpendiculaire à l'axe longitudinal pour que, au repos, la portion réfléchie ne tombât pas en dehors des limites de la portion basilaire, car si l'axe transversal était resté oblique, ces deux portions auraient formé un V en se repliant l'une sur l'autre, et l'extrémité de l'aile n'aurait plus alors été recouverte par l'élytre. — Ainsi, à mesure que (fig. 10, p. 162) le *triangle intercalé* (portion réfléchie) s'agrandissait, son extrémité tendait de plus en plus, lorsqu'il était replié au repos, à faire saillie sur le bord antérieur de l'élytre. Il fallait donc qu'il se déviât vers la ligne médiane pour se cacher entièrement sous cet organe. Mais la portion réfléchie ne pouvait dévier dans ce sens qu'en redressant le pli transversal *t*, ou, pour le moins, en le rendant moins oblique. Cette déviation devait avoir pour conséquence : 1° De rendre sur l'aile dépliée le triangle intercalé (portion réfléchie) plus obtus; 2° de faire osciller l'extrémité du pli oblique *t* dans la direction de la base de l'aile, et de le faire empiéter sur le champ antérieur tandis que le pli *t'* empiétait de son côté sur le champ renversé (fig 10). Ainsi, à mesure que la portion réfléchie grandit, il faut que son extrémité repliée dévie de plus en plus vers la ligne médiane pour se cacher sous l'élytre, et que les plis *t* et *t'* oscillent vers la base de l'aile en formant entre eux un angle de plus en plus obtus. Enfin, lorsque l'axe longitudinal de la portion réfléchie finira par tomber au repos sur celui de la portion basilaire, l'angle du pli transversal sera remplacé par une ligne droite, parce qu'alors les plis *t* et *t'* seront devenus perpendiculaires au pli longitudinal, et cette ligne droite coupera les extrémités du champ antérieur et du champ anal (zone renversée), en les rejetant dans la portion réfléchie.

5° Nous avons vu comment, dans le genre *Prosoplecta* (fig. 10), le coin triangulaire *a' b'*, qui forme la portion réfléchie, a fait dévier les nervures de l'extrémité du champ antérieur et du champ renversé en pénétrant entre ces deux champs. Or, dans la nouvelle transformation, le triangle intercalé, en s'ouvrant de plus en plus[1] et en avançant vers la base de l'aile, refoule toujours plus l'extrémité des nervures longitudinales; il finira donc par les rendre perpendiculaires à l'axe longitudinal, lorsque les

[1] Supposez (fig. 10) que les lignes *t* et *t'* pivotent sur le sommet fixe du triangle (*o*), tandis que leurs extrémités *t* et *t'* avanceraient dans la direction de la base jusqu'à devenir perpendiculaires au pli longitudial *l l'* en refoulant devant elles les nervures.

deux jambes de l'angle formé par le pli transversal (t, t') seront elles-mêmes devenues perpendiculaires à cet axe. A ce moment, les nervures se brisant à angle droit, n'ont plus l'espace de se développer; leur extrémité s'atrophie[1], et il n'en subsiste que des tronçons transversaux qui s'étendent de l'une à l'autre en se soudant chacun par son extrémité à la veine longitudinale voisine. Il se forme ainsi un système d'arcs-boutants qui bordent la charnière et la consolident. Chez les *Plectoptera* et les *Diploptera*, cette structure est très-distincte dans le champ antérieur (fig. **11** et pl. II, fig. **28**); elle est moins complète dans le champ renversé.

Chez les *Plectoptera* (fig. **11**), les modifications qui viennent d'être indiquées existent au complet. Le pli transversal forme une ligne droite; la portion basilaire n'est pas seulement refoulée, elle est encore tronquée. Cependant, il n'y a évidemment de tronqué que son extrémité, car la marge de la portion basilaire renferme encore les veines costales ainsi que le stigma qui, dans l'aile normale, se trouvent toujours situés au delà du milieu du bord antérieur. La portion réfléchie s'est allongée, elle est devenue entièrement coriacée; les extrémités terminales des nervures qui devraient y pénétrer ont disparu[2].

Si l'on a suivi les développements qui précèdent, on aura compris que dans le genre *Plectoptera* le champ antérieur de l'aile normale se trouve réduit à la portion basilaire de la zone antérieure; que la portion réfléchie doit être envisagée comme une exubérance du triangle intercalé (pl. I, fig. **10**, a') qui a fait atrophier l'extrémité du champ antérieur et de la zone renversée; que la portion basilaire de la zone antérieure est donc l'analogue du champ antérieur tronqué, et que la portion basilaire de la zone renversée est l'analogue de la première partie du champ anal tronqué aussi.

III. Genre **Diploptera.** C'est ici que le caractère des Diploptériens acquiert son maximum d'intensité. L'aile est assez complétement transformée pour qu'on puisse dire qu'un nouveau type se trouve formé. (Voyez pl. II, fig. **28**.)

1° L'extrémité de l'aile est taillée comme dans le type précédent, et elle s'est élargie.

[1] Sur la figure 10, on voit de quelle manière cette atrophie commence. Tandis que le triangle intercalé, en grandissant, dévie l'extrémité des nervures, le pli transversal t, en pivotant en avant pour se redresser, enjambe sur l'extrémité du champ antérieur et sépare ainsi le lobe terminal de ce champ pour le faire passer dans le triangle réfléchi. La structure de cette extrémité ainsi annexée à la portion réfléchie se fond dans celle de cette portion; les nervures deviennent indistinctes, souples, en sorte que le pli peut les briser obliquement sans les interrompre. Enfin elles finissent par disparaître entièrement, en se fondant dans le tout coriacé de la portion réfléchie (*Plectoptera*, fig. 11).

[2] Le genre *Anaplecta* appartient au même type, mais la portion réfléchie de l'aile n'y est pas encore aussi allongée qu'ici. Ne possédant que peu d'exemplaires de ces insectes rares, nous n'avons pu en étudier l'aile comme nous l'aurions voulu.

2° La zone renversée a pris tous les caractères de la zone antérieure; elle s'est pour ainsi dire entièrement détachée du champ postérieur pour passer dans le champ antérieur. La vénulation de cette zone imite même symétriquement celle du champ antérieur [1], en sorte qu'on serait presque tenté de prendre la zone renversée pour un feuillet dédoublé de la zone antérieure. En un mot, la zone renversée est devenue sous tous les rapports *l'homologue* de la zone antérieure, et, en réalité, c'est le champ principal tout entier qui est devenu champ antérieur.

3° L'échancrure anale est placée comme dans le type précédent.

4° La portion réfléchie forme la moitié du champ principal, comme dans le type précédent, mais de coriacée qu'elle était elle est devenue elle-même parfaitement membraneuse, et elle a pris une structure toute analogue à celle de la portion basilaire; l'axe longitudinal lui-même est devenu entièrement membraneux. En un mot, la structure du champ antérieur, après s'être étendue sur la zone renversée, a aussi envahi la portion réfléchie.

5° Les veines de la portion basilaire ont franchi la charnière, *et se continuent jusqu'à l'extrémité de la portion réfléchie*. Les *veines costales* qui, dans les deux types précédents, occupaient le bord de la portion basilaire de la zone antérieure occupent ic celui de la *portion réfléchie*. Ainsi la *portion basilaire s'est fondue avec la portion réfléchie*, et le système de vénulation qui n'appartient qu'à la première, s'est distribué sur l'ensemble de la zone de la même manière qu'il était distribué dans le type normal sur sa première moitié seulement. En effet, les veines costales étant caractéristiques du champ antérieur, il faut conclure de leur position dans le nouveau type que la portion basilaire de la zone antérieure n'est plus l'équivalent du champ antérieur du type normal; que la portion réfléchie n'est plus non plus l'équivalent du triangle intercalé, mais que c'est maintenant la zone tout entière qui représente le champ antérieur normal, la portion réfléchie s'étant comme fondue avec la portion basilaire. On pourrait appliquer le même raisonnement aux deux portions de la zone renversée.

Il nous manque ici un terme intermédiaire, entre les *Plectoptera* et les *Diploptera*, qui permette de saisir comment s'opère la transformation qui conduit de l'un à l'autre de ces genres. On dirait que le champ antérieur et le champ renversé, après avoir été refoulés par le triangle intercalé qui a empiété sur eux pour former la portion réfléchie de l'aile (*Plectoptera*), on dirait que ces champs ont à leur tour empiété sur la portion réfléchie, non pas en s'agrandissant à ses dépens, mais en étendant sur ce dernier leur type d'organisation (*Diploptera*).

Le type des *Plectoptera*, après avoir découlé de celui des *Prosoplecta*, a servi à son tour de point de départ pour des modifications ultérieures. Les veines transversales

[1] Voyez plus bas à la description du genre.

qui bordent la charnière, après avoir été formées dans le type *Plectoptera* par l'extrémité infléchie des veines longitudinales, sont devenues une création *acquise ;* elles ne sont plus les tronçons terminaux de ces veines, mais bien des veines transversales acquises au type et qui n'empêchent pas les veines longitudinales de se continuer plus loin. Les veines longitudinales doivent donc être envisagées comme tronquées à la charnière (fig. 10). Or, le phénomène embryologique qui développe dans les ailes membraneuses ces replis dont il résulte des nervures longitudinales, ce phénomène doit tendre à les développer également dans la portion réfléchie lorsque celle-ci devient membraneuse. Chez les *Diploptera*, on voit, en effet, les veines normales de la portion basilaire se prolonger jusqu'au bout de l'aile en s'étendant à travers toute la portion réfléchie. Avec un fort grossissement, on observe même déjà chez les *Plectoptera* des rudiments du même genre qui franchissent la charnière. A vrai dire, il n'est pas étonnant que chez les *Diploptera* la portion réfléchie de l'aile soit parcourue par des veines longitudinales et réticulées; ces insectes sont grands, et les ailes d'une grande dimension absolue deviennent toujours membraneuses et réticulées, c'est une loi générale. Mais ce qui a lieu d'étonner, c'est que la vénulation de la portion basilaire, au lieu de ne faire que *se prolonger* à travers la portion réfléchie, *se transporte et se répartisse sur tout l'ensemble de la zone antérieure* comme elle le fait sur le champ antérieur du type normal, en sorte que les veines costales qui dans le type précédent occupaient le bord de la portion basilaire, se trouvent ici transportées sur le bord de la portion réfléchie.

On voit donc distinctement que la portion réfléchie n'est plus ici l'équivalent du triangle intercalaire, mais qu'elle s'est fondue avec la portion basilaire, et que ces deux portions reforment par leur ensemble le champ antérieur normal, au milieu duquel la charnière subsiste comme un fait surajouté. Dans ce cas-ci, la charnière doit être envisagée comme une entité qui a pris naissance durant le cours des modifications et qui leur a survécu, de même que les veines transversales qui bordent la charnière ont été crées *en passant* par les veines longitudinales sans arrêter le développement ultérieur de ces veines.

Dans l'exposé qui précède, j'ai cherché à montrer comment le type normal se transforme graduellement dans le type à aile redoublée. Malheureusement on ne connaît encore que fort peu d'espèces appartenant au groupe des *Diplopteriens*, en sorte que les matériaux sur lesquels j'ai dû me livrer à cette étude sont trop incomplets pour permettre de saisir avec netteté la série des transformations qu'y subit la structure de l'aile, et il m'a fallu combler les lacunes par des déductions théoriques. Lorsqu'on connaîtra un plus grand nombre d'espèces de ce groupe, on découvrira sans doute d'autres termes transitoires qui établiront peut-être tous les degrés du passage d'un type à l'autre, et l'on découvrira peut-être aussi des types extrêmes qui révéleront des transformations plus avancées encore.

Nous résumerons en quelques mots ce qui vient d'être développé.

Les transformations de l'aile subies chez les DIPLOPTÉRIENS sont les suivantes :

Le triangle intercalé s'agrandit au détriment du champ antérieur et de la portion antérieure du champ anal jusqu'à occuper la moitié de la surface de l'aile.

La portion antérieure du champ anal devient une dépendance du champ antérieur et en prend le caractère.

Le champ antérieur, le triangle intercalé et la portion antérieure du champ anal se fondent ensemble en un seul tout (champ principal), qui reprend la forme de l'ancien champ antérieur, et forme ainsi un nouveau champ antérieur plus étendu, mais tout en conservant les deux plis qui se sont introduits dans ce champ durant le cours des transformations.

Ainsi, la nature fait pour ainsi dire passer peu à peu dans le champ antérieur, et le triangle intercalé et la partie antérieure du champ anal, en agrandissant ainsi le premier aux dépens de ce dernier.

GENRE PROSOPLECTA[1], Sauss.

PROSOPLECTA, Sauss. Revue de Zoologie, XVI, 325.

Corps ovoïde ou globuleux, *très-bombé*.

Prothorax elliptique, ayant son bord antérieur subexcisé, offrant de chaque côté un lobe relevé; tête débordante.

Élytres cornés, dénués de sillon anal, très-bombés et luisants, sans nervures distinctes, mais occupés par des lignes de ponctuations; le champ anal presque carré ou subcirculaire.

Ailes amples, ayant seulement leur extrémité repliée en dessus, et suivant un pli transversal oblique; la portion réfléchie antérieure, plissée en outre de manière à former un pli longitudinal rentrant. La portion basilaire occupée par des nervures nombreuses infléchies symétriquement à l'extrémité vers les marges; pas de nervures transversales bordant la charnière. La portion réfléchie, en forme de coin triangulaire, demi-

[1] πρόσω en avant ; — πλέκειν plier.

coriacée, dénuée de nervures, le pli longitudinal seul marqué par une ligne cornée. La portion basilaire de la zone renversée formant une partie du bord postérieur de l'aile; l'échancrure anale peu prononcée, tombant à la limite des deux portions de la zone renversée et non à la limite de la zone renversée et de la zone rayonnée.

Facies des Coléoptères de la famille des Chrysomélines *(Coccinella)*.

Ces insectes sont de petite taille. Leurs élytres bombés et luisants se superposent fort peu par leur bord interne; l'aire scapulaire est allongée; la veine scapulaire est grosse, longue et simple; la veine humérale est peu importante; elle est très-arquée pour contourner la base du champ anal, et se résout presque immédiatement en secteurs longitudinaux; les veines discoïdales contournent le champ anal et émettent des secteurs plus ou moins rameux. Les ailes offrent seulement le premier degré de la double duplicature, car il n'y a de réfléchi qu'un fort petit lobe terminal.

Comme on l'a vu plus haut, le genre *Prosoplecta* est un genre intermédiaire bien caractérisé où les caractères des Diploptériens commencent seulement à se développer sans avoir encore exclu ceux du type normal des Blattes.

Ailes de la **Prosoplecta Coccinella.**

Ces organes sont amples, membraneux, fortement veinés. Le champ renversé est trop étroit pour être symétrique du champ antérieur. La portion basilaire est très-grande; la portion réfléchie est très-petite, car l'aile ne dépasse l'élytre que par un petit lobe terminal. Le pli transversal n'est pas perpendiculaire à l'axe longitudinal, mais fort oblique d'avant en arrière et de dedans en dehors (l'aile étant prise dans l'extension), en sorte que le champ réfléchi, en se renversant, vient appliquer le lobe terminal de l'aile sur l'extrémité du bord antérieur. Ce petit champ est obscur, demi-opaque; il n'offre d'autre nervure que l'axe du pli qui le partage, et qui est un peu corné. Il n'existe pas de veines transversales pour former la charnière.

D'après ce qui a été développé, pages 161 et suivantes, on doit établir comme suit les analogies des diverses parties de l'aile de ce type comparées avec les parties correspondantes du type normal :

1° *Zone antérieure* (*a*, *a'*.)	*a*) portion basilaire (*a*)	= champ antérieur.
	b) portion réfléchie (*b*)	= première moitié du triangle intercalé.
2° *Zone renversée* (*b*, *b'*.)	*a*) portion basilaire (*a'*)	= portion antérieure du champ anal [1].
	b) portion réfléchie (*b'*)	= seconde moitié du triangle intercalé.
3° *Zone rayonnée*		= partie postérieure du champ anal [2].

La structure de ces organes a été expliquée à l'endroit ci-dessus indiqué; il ne nous reste donc qu'à en compléter la description au point de vue des caractères génériques et spécifiques.

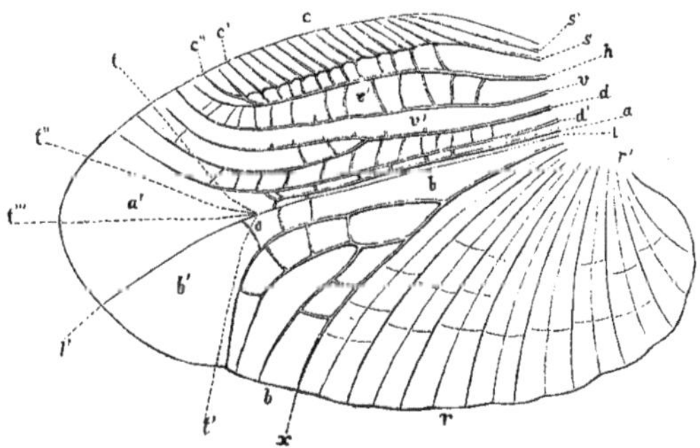

Aile droite de la *Prosoplecta coccinella*, renversée.

Champ antérieur. La marge antérieure (*c*) est très-dilatée, et le bord très-convexe. La deuxième branche de la veine scapulaire (*s*) fournit 14 veines costales assez longues, quoique peu obliques, qui remplissent la marge demi-opaque, et entre ces veines le bord émet des vénules intercalaires. La veine scapulaire (*s*) devient onduleuse dès la deuxième veine costale, ne se composant plus que de petits tronçons angulaires qui fer-

[1] Nous nommerons ici cette portion : *champ renversé*

[2] Nous nommerons ici cette zone : *champ rayonné*.

ment les bandes costales. La veine humérale (*h*) est grosse, très-arquée à la base; au delà des veines costales scapulaires elle émet deux branches costales bifurquées (c', c'')[1], et s'infléchit aussi pour tomber presque à angle droit sur la côte, en complétant ainsi la série des veines costales. La bande située entre la veine scapulaire (*s*) et la veine humérale (*h*) est réticulée en mailles carrées après son premier tiers par de grosses vénules transversales. La veine vitrée (*v*) se termine en s'infléchissant presque en demi-cercle vers la marge, comme la veine humérale; la bande vitrée antérieure (v') est réticulée en carrés; la bande postérieure (v'') est étroite, et les vénules transversales sont seulement indiquées sur la veine discoïdale (*d*); celle-ci est grosse et fourchue; la deuxième discoïdale (d') est fine et simple. Toutes ces veines longitudinales s'infléchissent à l'extrémité en arc de cercle vers la marge; quelques-unes franchissent le pli transversal, et deviennent demi-membraneuses en pénétrant par leur extrémité dans la portion réfléchie. La veine anale (*a*) seule s'arrête brusquement avant le pli transversal et se termine par de petits arcs-boutants qui vont s'appuyer contre les veines voisines. C'est là le premier rudiment du système de vénulation qui devient très-prononcé chez les *Plectoptera*. Le disque est réticulé par gros carrés.

Champ renversé (*b*). Celui-ci est assez étroit. Il ne contient que la première veine axillaire (*x*), qui est grosse, forte et rameuse. Elle se bifurque au milieu, et sa deuxième branche est deux fois bifurquée, ce qui donne en tout quatre branches; mais à l'aile gauche, la première branche s'anastomose avec la deuxième en formant une longue cellule, arquée au bout. Ces veines, pour faire symétrie avec celles du champ antérieur, s'infléchissent en arrière vers l'extrémité, et vont gagner le bord postérieur de l'aile sans pénétrer dans la portion réfléchie. Quelques vénules transversales relient ces veines entre elles. La veine anale postérieure (*l*) est fine à la base; elle sert d'axe au pli longitudinal; elle se prolonge à travers la portion réfléchie, et va gagner le bout de l'aile en s'infléchissant un peu en arrière (l').

[1] A l'aile droite, elle émet deux veines costales simples et une bifurquée comme sur la figure.

Portion réfléchie (*a'. b'*). Elle est petite, triangulaire, d'une structure uniforme, demi-opaque, et n'offre d'autre nervure que la veine anale postérieure qui forme l'axe du pli longitudinal. Cette veine est très-fine à la base de l'aile; elle devient plus épaisse, quoique peu opaque, dans la portion réfléchie.

Champ rayonné (*r*). Il contient sept à huit veines axillaires simples qui partent toutes de la base de l'aile. Ce champ est lâchement réticulé.

Le type *Prosoplecta* appartient à l'Asie, mais il nous a été nécessaire de le décrire ici pour expliquer d'une manière complète la modification qui s'opère dans l'aile des Prosoplectiens américains.

On ne connaît encore qu'une seule espèce de ce genre :

81. PROSOPLECTA COCCINELLA, Sauss.

Revue de Zoologie, XVI, 1864, 325, 46.

L'aile est très-convexe, transparente et fortement irisée ; les nervures et les régions demi-coriacées de cet organe, telles que la marge et la portion réfléchie, sont brunâtres. Ce type a absolument le facies d'une *Coccinella*.

GENRE PLECTOPTERA[1], Sauss.

Corps ovoïde, bombé, très-lisse et luisant au repos.

Prothorax elliptique, ayant son bord antérieur tronqué ou même subexcisé.

Élytres très-convexes, luisants et cornés, ne dépassant guère l'abdomen; le champ anal court et triangulaire.

[1] πλέκτειν, plier; — πτέρον, aile (Ailes pliées). — Nous avons ci-dessus fait rentrer ce type dans le genre *Blatta* (voyez p. 94, section 2me, n° 34), faute de le bien connaître, vu la rareté de ces insectes. De nouveaux matériaux nous ont récemment permis de l'étudier plus à fond et d'en reconnaître les véritables affinités.

Ailes très-longues; leur *portion réfléchie* aussi longue que la portion basilaire, se repliant en dessus suivant un pli transversal; toute cette portion, coriacée et opaque, partagée par un axe corné qui borde le pli longitudinal. La *portion basilaire* veineuse, peu réticulée, ayant ses veines longitudinales tronquées à la charnière, et réunies en ce point par des tronçons transversaux; les veines costales occupant la marge de la portion basilaire.

Pattes grêles; le premier article des tarses, allongé.

Insectes ayant le facies de petits Hydrocanthares ou de Chrysomélines.

Dans ce genre, les élytres sont très-luisants et cornés, mais on distingue cependant par transparence quelques veines fines.

Ailes des **Plectoptera.**

Ces organes ont été décrits page 166. La nomenclature basée sur leurs analogies avec le type normal est la suivante:

1° *Zone antérieure* (*a*, *a'*)	*a*) portion basilaire = champ antérieur à extrémité tronquée. *b*) portion réfléchie = extrémité du champ antérieur fondu avec la première moitié du triangle intercalé.
2° *Zone renversée* (*b*, *b'*)	*a*) portion basilaire = portion antérieure du champ anal tronqué, (champ renversé) [1]. *b*) portion réfléchie = extrémité du champ anal fondue avec la seconde moitié du triangle intercalé.
3° *Zone rayonnée*	= partie postérieure du champ anal, ou *champ rayonné*.

Nous choisirons l'aile de la *Plectoptera porcelana* pour compléter ici la description de ses caractères génériques.

Champ antérieur (*a*). Le bord antérieur est fortement dilaté, et forme au delà du milieu un sinus saillant. Cette dilatation renferme les veines costales; elle est remplie de points opaques et représente le *stigma* qui, dans le type normal, est placé un peu au delà du milieu du bord de l'aile. Or, comme ici l'extrémité du stigma est tronquée, on peut con-

[1] Cette portion peut à peine encore porter le nom de champ renversé, car elle n'est déjà plus l'équivalent du champ renversé des *Prosoplecta* (page 165); elle est déjà très-réduite par l'augmentation de la portion réfléchie.

clure que c'est le dernier tiers du champ antérieur qui est coupé par la charnière et qui a passé dans la portion réfléchie. La veine scapulaire (*s*) offre deux branches simples; la postérieure (*s'*) devient une veine costale.

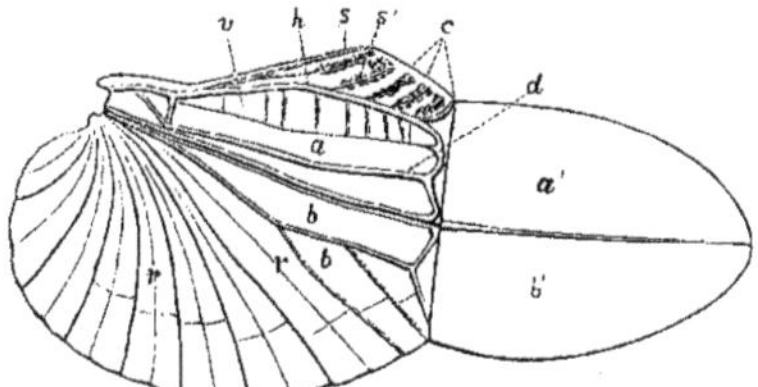

Aile gauche de la *Plectoptera porcelana*, renversée.

La veine humérale (*h*) est forte; elle émet trois ou quatre nervures costales (*c*) qui traversent le stigma. La bande vitrée antérieure (*v*) est coupée par six ou sept vénules transversales; la bande postérieure n'en offre pas. La veine vitrée qui les sépare est fine et transparente, peu prononcée. La veine discoïdale (*d*) est simple et forte; la veine anale antérieure, forte aussi, mais elle se perd vers la base. Toutes ces veines sont mises en connexion les unes avec les autres par des tronçons transversaux qui en joignent les extrémités.

Champ renversé (*b*). La veine anale postérieure est forte, droite et juxtaposée à son homologue; elle se continue au delà de la charnière jusqu'au bout de l'aile en partageant la portion réfléchie en deux parties égales[1]. C'est entre les deux veines anales que se forme le pli longitudinal. La première veine axillaire est forte aussi; elle émet deux branches, et son extrémité s'infléchit en arrière pour border la charnière, tandis que, d'autre part, elle se joint à l'extrémité de la veine anale par un tronçon transversal. Ce champ est un peu réticulé.

Portion réfléchie (*a'*, *b'*). Celle-ci est coriacée; elle est partagée en

[1] Sur la figure la nervure qui partage la portion réfléchie n'a pas été très-bien représentée. Elle doit continuer la veine anale postérieure, au lieu de naître entre les deux veines anales. — C'est aussi par erreur que la veine anale antérieure a été continuée aussi forte jusqu'à la base de l'aile.

deux parties égales par la veine anale qui borde le pli longitudinal, mais qui appartient encore à la moitié postérieure, laquelle pivote sur le bord antérieur de cette nervure. Les deux moitiés de la portion réfléchie sont parfaitement symétriques. Elles n'offrent pas trace de nervures.

Champ rayonné (*r*). Les veines en sont simples; les bandes intervénulaires sont coupées chacune par une vénule transversale fine. Au repos ce champ se plisse en éventail, mais le lobe interne, pour ne pas dépasser le bord anal du champ antérieur, se replie encore en dessous en se brisant suivant un pli qui coupe obliquement les dernières veines axillaires (fig. 1, *c c*).

82. PLECTOPTERA PORCELANA, Sauss. (figure ci-contre, p. 175).

Parvula, ovata, convexa et nitida; vertice lato, fusco; pronoto latissimo, brevi, transversim fornicato, fusco, lobis lateralibus pellucidis; elytris corneis, nitidis, piceis, tenuissime punctulatis, venis et sulco anali nullis, sed humeris fere tuberculatis; pedibus fuscis, tibiarum spinis, tibiis apicem versus tarsisque, pallidis.

Anaplecta porcelana, Sauss. Revue de Zoolog. XIV, 1862, 164.

Très-petite, ovalaire, bombée, lisse et luisante, ayant le faciès d'un petit Hydrocanthare. Les élytres au repos formant un tout ovoïde un peu atténué en arrière et bombé comme chez ces coléoptères. Tête très-large au vertex, dépassant légèrement le prothorax. Celui-ci court et large, elliptique et transversal, voûté; ses lobes latéraux rabattus, fortement bordés. Sa surface polie et luisante. Élytres bombés, cornés, polis comme de la porcelaine, dénués de nervures; le sillon anal nul, mais souvent indiqué par une sorte de dépression; au-dessous du tubercule huméral, un sillon enfoncé qui sépare l'aire scapulaire de la marge; cette aire un peu relevée. (Les ailes sont décrites dans la description du genre.) Plaque sous-génitale subtriangulaire, un peu carénée à l'extrémité. Styles longs.

Vertex et prothorax bruns; les lobes latéraux de celui-ci, incolores. Élytres d'un brun testacé pâle, très-finement et densément pointillés de testacé, ressemblant à de l'émail. Veines des ailes testacées. Pattes brunes; extrémité des tibias et tarses plus pâles, avec les articulations brunes. Antennes couleur de poix.

Longueur, 0,0042.

Habite : L'île de Cuba.

83. Plectoptera Poeyi, Sauss.

Cette espèce a été décrite page 94 sous le nom de *Blatta Poeyi* [1].

L'élytre offre des veines fines mais distinctes par transparence. Le champ marginal est très-large ; la veine scapulaire est droite ; la veine humérale sinuée ; elle émet 7-8 veines costales ; la veine discoïdale est simple, presque parallèle à la veine humérale ; la veine anale est assez courte. L'aile est toute semblable à celle de la *Pl. porcelana.*— Cuba.

Genre DIPLOPTERA, Sauss.

Diploptera [2], Sauss. Revue de Zoologie, XVI, 325.

Corps aplati.

Tête un peu saillante, à vertex assez épais. Ocelles nuls.

Prothorax peu voûté, lisse, taillé en demi-cercle, à bord antérieur très-arqué, à bord postérieur tronqué en ligne droite ; les angles postérieurs très-prononcés.

Élytres cornés, assez allongés ; le bord interne presque droit, l'externe fortement arqué à l'extrémité pour venir à la rencontre du bord interne.

Ailes membraneuses jusqu'au bout, fortement maillées et réticuleuses ; la portion réfléchie aussi longue que la portion basilaire ; les veines longitudinales franchissant la charnière et se continuant dans toute la longueur de cette portion ; la marge antérieure offrant une bande cornée qui s'étend jusqu'à l'extrémité de l'organe. La zone rayonnée petite.

Pattes grêles ; épines tibiales grêles ; premier article des tarses assez long.

Abdomen large, convexe en dessous ; plaques anales cornées, se correspondant exactement ; filets anaux courts.

[1] Voyez ci-dessus la note de la page 173.

[2] διπλοῦς, double, — πτέρον, aile (Ailes doublées).

Type australien[1] ayant le facies des *Silpha*.

Les élytres sont cornés comme chez des Coléoptères. Par transparence on n'y distingue pas de nervures, mais à la surface supérieure elles sont indiquées par des lignes saillantes, lesquelles sont marquées en ponctué à la face inférieure : l'aire scapulaire est fortement cornée, arquée, elle se prolonge étroitement tout le long de la marge; la veine humérale forme une ligne simple, émettant quelques branches costales espacées; on distingue aussi quelques secteurs discoïdaux.

Ailes de la **Diploptera Silpha.**

Ces organes ont été décrits page 167, et suivant les analogies que nous avons cherché à établir, leur nomenclature peut être fixée comme suit :

1° *Zone antérieure*	a) portion basilaire b) portion réfléchie	=	champ antérieur fondu avec la première moitié du triangle intercalé dont il ne reste pas trace (devient tout entière *champ antérieur*).
2° *Zone renversée*	a) portion basilaire b) portion réfléchie	=	partie antérieure du champ anal fondue avec la seconde moitié du triangle intercalé (devient tout entière *champ renversé*).
3° *Zone rayonnée*	= partie postérieure du champ anal = *champ rayonné*.		

Les caractères génériques et spécifiques de l'aile des *Diploptera* sont les suivants :

Les ailes sont hyalines et transparentes jusqu'au bout. La vénulation (pl. II, fig. 28) en est tout exceptionnelle, et à première vue elle rappelle plutôt celles des Nevroptères que celles des Blattes.

Charnières. Le mécanisme de la duplicature si compliquée de cet organe exige une charpente particulière pour lui conserver, malgré sa grandeur, sa force de résistance et fournir des supports à ses plis.

Pli transversal. A la rencontre de ce pli (*tt'*) les veines longitudinales sont interrompues, leurs tronçons sont reliés entre eux par des lignes cornées transversales analogues à celles déjà décrites chez les *Plectop-*

[1] Je décris ici ce genre pour la même raison que le genre *Prosoplecta*, parce qu'il m'était indispensable pour la comparaison, afin de bien établir le groupe des Prosoplectiens.

tera. Sur le bord basilaire de la charnière, ces veines transversales ne sont que des arcs-boutants qui se sont formés, comme on l'a vu plus haut, par la déviation de l'extrémité des veines longitudinales; elles sont interrompues au point d'entrecroisement du pli longitudinal. Sur le bord réfléchi de la charnière, elles sont formées par des vénules transversales épaissies, ou par des bifurcations de veines longitudinales. La rencontre des nervures détermine sur ce pli, la formation de nœuds cornés solides qui sont pour ainsi dire les dents de la charnière.

Pli longitudinal. Dans la portion basilaire, il est placé entre deux veines (*l*) très-rapprochées, qui bordent son axe membraneux. Dans la seconde moitié de l'aile, le pli occupe le milieu d'un espace entièrement membraneux (*l'*).

VÉNULATION. *Champ antérieur*. La côte est occupée par une bande cornée dans laquelle on distingue : 1° A la base, l'*aire scapulaire* ou *basilaire* (B), étroite et bordée par la veine scapulaire antérieure. 2° La veine *scapulaire postérieure* (*s*) qui présente au delà de la charnière les vestiges de quelques veines costales sinueuses. 3° La veine *humérale* (*h*) bordant la bande cornée et qui fournit vers l'extrémité (*h'*) les dernières branchules costales. Cette veine est ici exceptionnellement faible, mais la présence des vénules costales permet d'établir avec certitude la détermination des veines scapulaire postérieure et humérale, telle que nous la fixons ici. La bande cornée de la côte s'étend dans la portion basilaire jusqu'à la veine humérale; dans la portion réfléchie, seulement jusqu'à la veine scapulaire postérieure. Entre cette dernière et la veine humérale, on voit dans la moitié réfléchie une petite bande réticulée (*h'*). 4° La veine *discoïdale* (*d*) est très-forte; elle se bifurque à la charnière et devient double dans la portion réfléchie (*d'*, *d''*). La branche postérieure émet aussi dès sa base un petit secteur qui se perd dans la réticulation. Dans la portion basilaire la veine discoïdale n'émet pas de secteurs, mais l'aire discoïdale est partagée par une *seconde veine discoïdale* fine, et réticulée en carrés, comme chez la *Blatta bivittata* (comp. page 102). 5° La veine *anale antérieure*, très-fine aussi, borde le pli longitudinal (*l*).

Champ renversé. La vénulation de cette zone est presque calquée symétriquement sur celle de la moitié postérieure de la zone antérieure[1]; elle offre aussi une veine anale bordant le pli longitudinal (*l*), et une grosse veine axillaire (δ), qui est ici l'homologue de la veine discoïdale; les extrémités de ces veines sont infléchies en arrière pour border la charnière, mais elles se continuent néanmoins au delà, à travers la portion réfléchie de l'aile (δ' δ''), et se perdent dans la réticulation. Enfin la veine incomplète υ peut presque être envisagée comme l'homologue de la veine vitrée; elle remplit ici les fonctions de la veine anale par rapport au champ rayonné.

Toute la *partie principale* de l'aile est fortement réticulée, sauf sur le pli longitudinal; vers le bord postérieur les mailles ne sont plus soutenues par des veines longitudinales, et elles deviennent irrégulières.

Le *champ rayonné* n'offre rien de particulier, si ce n'est que son lobe interne se replie en dessous suivant le système décrit plus haut (comp. page 157, fig. 8, et page 155, fig. 1).

Quoique le genre *Diploptera* n'appartienne pas à l'Amérique, j'ai cru devoir en décrire ici le type pour la même raison que celui du genre *Prosoplecta.*

La seule espèce à nous connue qui rentre dans ce genre est la :

DIPLOPTERA SILPHA, Sauss.

D. silpha, Sauss. Revue de Zoolog. XVI, 1864, 325, 47[2].

Australie.

[1] Comparez page 167, 2°.

[2] Jusqu'ici nous n'avons pu donner que des citations incomplètes des espèces décrites en 1864 dans la Revue et Magasin de Zoologie, parce que la publication des diagnoses de ces espèces a été retardée au point que les pages qui précèdent étaient imprimées avant que ces diagnoses eussent paru. A partir d'ici nos citations sont complètes.

LÉGION DES HORMÉTICIENS

GENRE HORMETICA, Burm.

HORMETICA, Burm. — BRACHYCOLA, Serville.

Formes épaisses et trapues.

Antennes moins longues que le corps.

Prothorax de forme *parabolique;* son bord antérieur aussi avancé que la tête, très-arqué, parfois retroussé, fortement bordé; le postérieur tronqué dans toute sa largeur; la surface élevée et bosselée, en général creusée au milieu; l'extrémité postérieure beaucoup plus élevée que l'antérieure; le disque *n'offrant pas de capuchon.*

Pattes trapues, cuisses comprimées[1]; tibias forts, à épines fortes; tarses à peu près aussi longs que les tibias ou plus courts.

Abdomen convexe; filets anaux très-courts; plaque sous-génitale simple, un peu sinuée de chaque côté chez les mâles et armée de styles très-petits.

Élytres coriacés, luisants, convexes, à veines peu apparentes; tout au plus de la longueur du corps, en général rudimentaires, parfois nuls. Ailes souvent plus courtes que les élytres.

Lorsque les organes du vol sont développés, l'élytre, quoique coriacé, est tout entier composé d'un tissu réticuleux serré, à mailles petites et arrondies, à veines épaisses; les ailes ont le champ postérieur presque aussi long, et notablement plus grand que l'antérieur; le bord postérieur du champ antérieur est arqué et la veine anale, en suivant ce bord, décrit une courbe concave en avant. La marge est simplement membraneuse, sans aucun stigma, ni veines costales bien apparentes.

Ce genre se distingue par sa tête entièrement cachée et par son protho-

[1] Selon Burmeister, les cuisses seraient parfois armées de 1 à 4 petites épines avant l'extrémité.

rax parabolique, gros, inégal ou tuberculeux et néanmoins *dépourvu de capuchon céphalique;* à bord postérieur très-élevé et tronqué; à bord antérieur placé beaucoup plus bas, en sorte que la surface est très-inclinée. Ce prothorax rappelle la forme du céphalothorax des trilobites; lorsqu'il est creusé, comme chez la *Br. tuberculata,* il ressemble un peu à la tête d'un brochet, et les deux tubercules figurent comme les saillies des yeux.

Les *Hormetica* ont un facies à part, à cause de la forme parabolique et de l'épaisseur de leur prothorax, cependant ils se rapprochent de certaines *Zetobora (Phortiœca)* par la forme inclinée et bossuée du prothorax; mais ils se distinguent de ces types par l'absence de capuchon et par le bord du prothorax qui dépasse à peine la tête.

1. *Prothorax ayant son disque fortement excavé, offrant de chaque côté un tubercule.*

A. Antennes simples. (En général des élytres.)

a) Élytres nuls ou sensiblement plus courts que l'abdomen. Ici rentrent les H. DIABOLUS, Sss. — SCROBICULATA, Burm. (*robusta*, Serv.) — MONTICOLLIS, Burm. — BILOBATA, Sss. (l. l.)

b) Élytres atteignant l'extrémité de l'abdomen. (Prothorax aussi long que large.)

H. TUBERCULATA, Dalm. (*6-notata*, Thumb.)

B. Antennes à articles fortement séparés, un peu dilatées au milieu et garnies d'une brosse de poils touffus et roides. (Organes du vol nuls.)

H. COQUERELIANA, Sauss. Mélanges Orthoptér. I, n° 34, fig. 22. (Madagascar.)

2. *Prothorax bombé; sa surface médiane assez unie, peu ou pas excavée. (Ailes souvent nulles ou rudimentaires.)*

H. LÆVIGATA, Burm (*lævicollis*, Serv.) — TRILOBITA, Sauss. — VENTRALIS, Burm. — CHILENSIS, Sauss.

1re Division. *Disque du prothorax excavé au milieu et armé de deux tubercules.* — HORMETICA.

84. HORMETICA DIABOLUS, Sauss.

Atra; pronoto valde parabolico, margine antico reflexo, disco corrugato, excavato, utrinque tuberculo maximo rotundato lævi instructo; elytris squamiformibus, crasse punctatissimis; abdomine corrugato, fascia lata rufa albido-verrucosa transversim ornato.

Brachycola diabolus, Sauss. Revue de Zoolog. XVI, 1864, 345, 59.

♂. Prothorax assez allongé, parabolique, à bord antérieur fortement retroussé, comme chez la *tuberculata;* le disque fortement creusé et chiffonné, postérieurement bordé par une élévation festonnée en forme de fer à cheval, qui se termine par deux énormes tubercules lisses. Le reste de la surface très-grossièrement et irrégulièrement ponctué. Tête lisse, couverte de ponctuations espacées, ainsi que le reste du thorax. Abdomen en dessus couvert sur la bande médiane de verrues aplaties et sur les bords latéraux de rugosités diverses, fortes et bizarres. Plaque sur-anale creusée des deux côtés, subbilobée, carénée au bout; plaque sous-génitale en triangle arrondi, dépassant à peine la sur-anale. Élytres ovales, atteignant la base de l'abdomen, ayant la forme d'écailles latérales, très-grossièrement et réticuleusement criblées.

Couleur noire. Sur le milieu de l'abdomen, une large bande rousse sur laquelle les verrues se dessinent en blanchâtre. Les deux derniers segments, noirs.

Longueur du corps, 0,033; — id. du prothorax, 0,012; — id. des élytres, 0,008.

Habite: Le Brésil. (Musée de Paris; capturée par feu Aug. de Saint-Hilaire.)

2me Division. *Prothorax bombé; son disque convexe, peu ou pas excavé.* — BRACHYCOLA.

85. HORMETICA TRILOBITA, Sauss. (fig. 35).

Valida, flavo-testacea; capite, antennis pedibusque fusco-nigris; pronoto convexo, in medio plicato sed tuberculis utrinque nullis; fascia angusta marginis antici, lata postici fasciisque 2 obliquis, nigris; meso- et metanoto nigris, basi macula bilobata, flava; elytris brevissimis, metanotum vix superantibus.

H. trilobita, Sauss. Revue de Zoolog. XIV, 1862, 233.

♀. Grande. Prothorax très-convexe; ponctué, lisse, fortement bordé; son milieu un peu inégal, offrant au sommet une légère excavation transversale un peu froncée, dont les bords forment un bourrelet aplati en fer à cheval large; en avant de cette fossette est un aplatissement froncé partagé par un faible sillon qui se termine antérieurement dans une surface plate, de chaque côté de laquelle, un petit enfoncement; entre la fossette postérieure et la surface plate plus antérieure, une saillie rousse transversale; pas de tubercules latéraux autres que deux bosses lisses, larges et peu prononcées, ou plutôt de simples convexités, en dehors desquelles une gouttière oblique est seulement indiquée. Le milieu du bord antérieur est un peu voûté, et, de chaque côté, le long de ce bord, on voit une gouttière vague. Élytres cornés, subtriangulaires, très-courts, ne dépassant pas le premier segment abdominal et ne se touchant pas à la base. Ailes presque aussi longues, étroites. Tibias armés de très-fortes épines; plaque sur-anale plate, un peu creusée, à bord un peu relevé.

Couleur d'un jaune d'ocre testacé : Pattes, tête et antennes noirâtres. Cordon marginal du prothorax, noir ; le bord postérieur offrant une bande noire découpée; la surface ornée en outre de deux bandes irrégulières de cette couleur, qui se terminent en arrière par une sorte de fer à cheval fondu avec la bordure postérieure. Méso- et métathorax noirs, ornés chacun d'une double tache jaune basilaire. Élytres et ailes jaunâtres.

Longueur du corps, 0,043 ; — id. du prothorax, 0,013; — largeur, 0,017.

Habite : Le Brésil.

La *H. monticollis* se rapproche beaucoup de cette espèce, mais il est probable qu'elle porte au prothorax des saillies plus prononcées.

Fig. 35 *Hormetica trilobita*, Sauss. ♀, de grandeur naturelle.

86. Hormetica Chilensis, Sauss.

Minuta pro genere, nigro-fusca ; antennis piceis ; frontis maculis 2, ore, pedibus, pronoti fascia marginis antica et postica bis interrupta maculaque segmentorum laterali, testaceis ; segmentorum margine postico medio rufo-bimaculato ; pronoto grosse punctato, in disco rugoso ; tegminibus squamiformibus, tantum sulco indicatis.

H. Chilensis, Sauss. Revue de Zoolog. XIV, 1862, 233 (subimago) ; *ibid.* XVI, 1864, 345, 61.

♀. Corps assez grêle et très-voûté. Tête dépassant le prothorax, convexe, offrant au bas de la face un sillon transversal, et un peu striée au-dessus de celui-ci. Prothorax très-voûté transversalement, un peu tronqué et un peu relevé au-dessus de la tête; ses bords latéraux fortement bordés, l'antérieur faiblement, le postérieur ne l'étant guère ; la surface, ponctuée, rugueuse au milieu dans toute sa longueur, offrant un dessin en sillons lisses, mais à peine un peu excavée ; en arrière du milieu, deux vestiges de tubercules. Méso- et métathorax ponctués ; ce dernier ayant ses angles un peu prolongés; n'offrant pas de sillons latéraux ; de chaque côté du mésothorax, un élytre rudimentaire, arrondi en forme d'écaille, court, fortement bordé au bord externe, ne dépassant pas le mésothorax, offrant cependant la nervure humérale et un vestige de sillon anal. Abdomen convexe, ponctué ; le bord des segments granuleux. Plaque sur-anale large, ponctuée, ayant son bord un peu relevé et arrondi, coïncidant bien avec celui du dernier segment ventral qui est strié et un peu rugueux sur les côtés. Tarses moins longs que les tibias.

Couleur noirâtre. Taches ocellaires, bouche, premier article des antennes et base des pattes, testacés ; tibias bordés de brun. Antennes d'un brun testacé, poilues. Bords antérieur et latéraux du prothorax ornés d'une bande testacée, deux fois interrompue au-dessus de la tête, et sinuée aux angles postérieurs, de manière à passer en dedans de ceux-ci; ces angles, à cause de cela, bruns. Élytres, une tache de chaque côté à la base du métathorax et une autre au bord postérieur, jaunes; une tache à chaque angle latéro-postérieur des segments abdominaux, testacée; deux taches rousses sur le premier segment. Le ventre testacé au milieu vers la base. — Longueur du corps, 0,024.

Nymphe. ♀. Prothorax un peu plus rugueux; son bord postérieur marqué de testacé. Segments abdominaux offrant à leur bord postérieur, en dessus, chacun deux traits ou une ligne interrompue rousse ou testacée. Méso- et métathorax offrant de chaque côté une tache jaune triangulaire à l'angle rentrant du bord postérieur, et une à leur angle latéral antérieur. Pattes testacées. — Longueur, 0,017.

♂. Je possède un mâle à l'état de nymphe, chez qui les angles du méso- et du métathorax sont longuement prolongés et de couleur brune, ce qui prouve que ce sexe est ailé.

Habite : Le Chili.

LÉGION DES NAUPHOETIENS

Prothorax elliptique, glabre, n'ayant pas de capuchon. Organes du vol bien développés. Élytres demi-membraneux. Ailes simples ne dépassant pas l'extrémité des élytres.

Ce groupe renferme les genres suivants :

1. Prothorax ayant son bord postérieur prolongé angulairement sur l'écusson . . . . *Panchlora.*
2. Prothorax ayant son bord postérieur tronqué, laissant l'écusson à nu.
   - *a.* Prothorax voûté, à bords latéraux rabattus en bas . . . . . *Nauphœta.*
   - *b.* Prothorax aplati, à bords latéraux horizontaux ou subréfléchis . . . . *Proscratea.*

GENRE PANCHLORA, Burm.

BLATTA, Serville. — PANCHLORA, Burmeister.

Prothorax arrondi, n'étant pas tronqué postérieurement; son bord postérieur angulaire ou arqué, prolongé en arrière au-dessus de l'écusson.

Ce caractère suffit pour caractériser le genre.

Le prothorax est arrondi, convexe, voûté, à bords latéraux souvent rabattus; il est bordé sur tout son pourtour; le bord antérieur est arqué, et rencontre le bord postérieur de chaque côté presque à angle droit, mais les angles ainsi formés sont arrondis; le bord postérieur est tantôt angulaire, ou prolongé en forme de lobe, tantôt simplement arqué. La tête est tantôt cachée sous le prothorax, tantôt un peu saillante; (chez certaines espèces, elle paraît rester toujours saillante, chez d'autres, elle semble être rétractile.) Les yeux sont souvent très-rapprochés l'un de l'autre au vertex. Les élytres sont aplatis, très-membraneux chez la plupart des espèces du nouveau continent; la veine scapulaire est longue et forte; les veines costales sont arquées; le sillon anal est assez arqué pour qu'au repos les deux champs anaux réunis prennent la forme d'un dé à coudre; ce champ est le plus souvent membraneux, un peu réticulé. Le champ discoïdal est réticulé dans sa partie postérieure par de forts secteurs et de nombreuses vénules transversales très-prononcées qui dessinent des mailles carrées. La membrane des mailles est tantôt lisse (*P. Maderæ*), tantôt un peu chiffonnée, formant des dessins en relief, surtout chez les espèces à couleur verdâtre [1]; chez plusieurs espèces, les mailles carrées primitives se partagent par de petites nervules en mailles irrégulières et nombreuses. En général, les élytres ont l'apparence d'être striés. Les ailes ont le champ postérieur très-allongé; le champ discoïdal rempli de secteurs obliques nombreux et rapprochés.

[1] Au moins chez les sujets desséchés.

Ce genre est parmi les Blattaires mutiques le correspondant du genre *Epilampra,* ayant comme lui le bord postérieur du prothorax prolongé angulairement, et la *P. Maderæ* rappelle même par sa livrée les couleurs caractéristiques de ce genre.

Certaines *Panchlora* comptent parmi les Blattaires qui sont le plus souvent transportés d'un pays dans un autre avec les marchandises; aussi quelques espèces de l'ancien continent sont-elles devenues cosmopolites.

On peut diviser les espèces américaines en trois sections:

1re section. *Couleur brune; formes peu aplaties, assez trapues à cause des larges élytres qui ne dépassent que peu l'extrémité de l'abdomen. Bords latéraux du prothorax bordés, quoique rabattus. Tête dépassant le prothorax.*

Dans ce groupe les élytres ont leur bord externe assez fortement arqué et sinué. Les nervures sont très-fortes; la veine scapulaire se fond dans un gros tronc huméral, et en ressort indistincte ou bifurquée: les v. costales sont peu nombreuses, un peu rameuses; la v. humérale se continue assez directement jusqu'au bout de l'aile, mais en émettant vers la marge des veines un peu rameuses; la première v. discoïdale se confond avec l'humérale jusque vers le milieu de l'élytre, elle devient souvent ensuite plus ou moins rameuse; le champ discoïdal est fortement doublement réticulé, mais les veines intercalaires se perdent vers la base et passent à l'état de lignes de ponctuations. Dans l'aile, le stigma formé par les veines costales est opaque; la v. humérale est très-brièvement rameuse; la bande vitrée postérieure n'est pas réticulée.

Les insectes de ce groupe ont la tendance de devenir cosmopolites, mais ils sont probablement d'origine asiatique. Ce type est intermédiaire pour les formes entre le type américain et le type africain.

87. Panchlora Surinamensis, Lin.

Lata, testacea, abdomine fusco-vario; vertice et pronoto fusco-nigris; hujus margine antico testaceo; elytris fusco-badiis, sat latis, basi marginis antici pallidiore et linea brevi humerali nigra; alarum campo antico fusco-ferruginescente, macula media marginis obscuriore. — Longit. 0,020; cum elytr. 0,025.

Blatta surinamensis, Lin. Syst. nat., 687, 3. — Fabr. Syst. Ent., 271, 3 ; Ent. syst. II, 7, 5. — De Geer, Ins., III, 539, pl. XLIV, fig. 8. — Oliv. Encycl. V, 314, 6.
Blatta corticum, Serv. Orthoptères, 90, 9.
Panchlora surinamensis, Burm. Handb. II, 507, 5. — Guér. Ins. de Cuba (l. l.), 342.

Chez cette espèce, les élytres dépassent notablement le corps; la veine scapulaire se trifurque, mais elle est indistincte; la v. humérale se continue distinctement jusqu'à l'extrémité de l'organe, en émettant vers le bout trois veines fourchues ; la première v. discoïdale se bifurque presque aussitôt après s'être séparée de la v. humérale. L'aile a son stigma demi-opaque et situé au milieu de la longueur de la côte. La couleur des élytres et des ailes est brune-ferrugineuse.

Une variété prise aux Bermudes a le prothorax brun-noir avec une ligne brisée testacée de chaque côté au bord antérieur.

Habite : La Nouvelle-Orléans, les Antilles, l'île de Cuba et, à ce qu'il paraît, tous les continents. Nous possédons des individus pris aux Indes orientales et à l'île Maurice; cette Blatte vit même dans les serres du Jardin des Plantes à Paris. Nous la croyons d'origine asiatique.

M. Guérin-Méneville, en établissant (l. l.) la synonymie de cette espèce, y réunit probablement à tort la *Bl. Indica*, Fabr.

88. Panchlora Indica, Fabr.

Præcedenti minor, elytris corpore vix longioribus; fusca, pedibus pallidioribus; ore maculis ocellaribus et pronoti limbo antico fasciaque basali elytrorum marginis, testaceis; elytrorum fascia humerali fusca; alarum campo antico fuscescente, macula apicali marginis fusca. — Long. 0,018 ; cum elytr. 0,020.

Blatta indica, Fabr. Syst. Ent 272, 6; Ent. syst. II, 8, 10. — Oliv. Encycl. V, 316, 12. — Serv. Orthopt. 97, 20.
Panchlora indica, Burm. Handb. II, 507, 6.

Cette espèce est plus petite que la *P. Surinamensis*, et surtout ses élytres ne dépassent que fort peu l'extrémité de l'abdomen. Elle diffère aussi par sa couleur plus foncée, plus brune, moins testacée ; les nervures des ailes sont brunes ; le champ antérieur est lavé de brun ; la tache de la marge est brune et s'étend jusqu'au bout de l'aile. La veine humérale de l'élytre est bifurquée vers son second tiers, ainsi que la première discoïdale; sa branche antérieure fournit trois veines costales, et la postérieure se bifurque ou se trifurque au bout.

Habite : Cette espèce est devenue cosmopolite ; je l'ai prise aux Antilles, à Cuba, à Haïti, aux Etats-Unis et au Mexique (Orizaba). Nous en possédons d'autres individus du Brésil, de l'Ile-de-France et de Ceylan.

De nombreux individus, en tout analogues à l'espèce, offrent une vénulation un peu différente; la v. humérale de l'élytre se continue assez directement jusqu'au bout, comme chez la *P. Surinamensis*, et la première v. discoïdale est simple, ou bifurquée seulement à l'extrémité. Nous pensons que ces différences constituent une variété où la branche antérieure de la bifurcation reste assez faible pour n'apparaître que comme un simple rameau costal de la v. humérale.

Observation. Nous possédons encore une petite espèce indienne très-voisine de celle-ci, mais qui nous paraît en différer spécifiquement par des caractères très-nets.

Taille petite; élytres atteignant à peine l'extrémité de l'abdomen; les nervures très-grosses et épaisses; la v. scapulaire longuement fourchue et très-distincte; les autres v. costales très-grosses, mais terminées en pointe et au nombre de cinq ou six, toutes simples; la première v. discoïdale simple, la deuxième lui étant parallèle, trifurquée, la troisième branche fournissant deux secteurs en arrière.

2me section. *Couleur vert-d'eau, hyaline ou pâle. Élytres transparents. Corps très-aplati, large, mais les élytres dépassant notablement l'abdomen, ce qui donne à l'insecte un aspect assez grêle. Tête tantôt saillante, tantôt cachée sous le prothorax. Antennes moins longues que le corps. Prothorax prolongé angulairement au-dessus de l'écusson, ou très-arqué; ses bords latéraux rabattus. Abdomen large; filets anaux courts. Sillon anal longé par une ligne saillante formée par la deuxième veine discoïdale.*

Dans ce groupe, le prothorax est strié et offre en général de chaque côté un sillon oblique parallèle au bord latéro-antérieur; la bande marginale, située entre ce sillon et le bord, est en général un peu relevée et souvent transparente; une bande analogue se voit à la base de la marge de l'élytre. Au repos, les ailes dépassent fréquemment un peu l'extrémité des élytres.

Ces organes sont très-membraneux, transparents; les nervures sont fines et incolores ou verdâtres; la veine scapulaire se bifurque à son extrémité en deux petites branches; la veine humérale est peu ramifiée et seulement à l'extrémité; elle n'atteint pas le bout de l'aile, mais elle va aboutir sur le bord antérieur; et c'est une branche postérieure qui émane près de son extrémité qui va former le bout de l'organe. Vers le milieu de son trajet, la v. humérale fournit une autre veine qu'on peut envisager comme représentant la première v. discoïdale; la deuxième discoïdale longe parallèlement le sillon anal, et fournit, chemin faisant, de nombreux secteurs un peu obliques. Les ailes sont hyalines ; la veine scapulaire est longue et bifurquée; sa branche postérieure est très-longue, souvent indistincte vu sa transparence, et elle fournit de nombreuses veines costales sur lesquelles vient souvent se placer un stigma opaque verdâtre; l'aire vitrée est très-normale; ses deux bandes sont réticulées par carrés, ainsi que le bout de l'aile.

La forme et la couleur sont à peu près les mêmes chez la plupart des représentants de ce groupe, ce qui rend la distinction des espèces très-difficile. Quelques-unes d'entre elles sont ornées de taches et de lignes noires qui sont plus faciles à apprécier que d'autres caractères, mais il est probable que ces ornements sont sujets à manquer. Nous ignorons si les détails de la vénulation de l'élytre gauche sont un caractère plus solide que les autres. Aussi les espèces sont-elles ici encore très-mal établies.

A. Marges du prothorax et des élytres transparentes.

A. Pas de lignes noires bordant cette marge au prothorax.

89. Panchlora virescens, Thumb.

Hyalina, flavo-virescens, oculis subremotis; pronoto utrinque subangulato; corpore subtus albido-testaceo; antennis et puncto inter oculos fulvis; vitta pronoti utrinque marginali nec non elytrorum humerali, albida.

Blatta virescens, Thumb. Mém. Acad. St. Pétersb. X, 278. — Serv. Orthopt. 101, 26.
Panchlora virescens, Guér. Ins. de Cuba (l. l.), 344.

♀. De taille moyenne. Tête saillante. Yeux rapprochés chez la ♀, subcontigus chez le ♂. Prothorax convexe, lisse; son bord postérieur prolongé sur le dos et y formant un angle arrondi, mais non une saillie dentiforme; les bords de l'angle n'étant pas sinués; les bords latéraux un peu relevés, formant de chaque côté postérieurement un angle obtus à bords arqués. (Si l'on joignait ces deux angles par un diamètre, celui-ci partagerait le prothorax en deux parties égales.) Surface polie; partout distinctement striée transversalement, sauf au milieu, où les stries s'effacent sur une sorte d'écusson poli, et offrent quelques petits enfoncements; les bandes latérales, ponctuées et un peu striées; le sillon oblique qui les borne, en général très-prononcé, profond. Plaque sous-génitale échancrée, bilobée. Élytres fortement réticulés; le champ anal un peu réticulé en relief; le champ postérieur réticulé par carrés ou par losanges; chaque carré étant partagé par un pli longitudinal élevé et offrant, probablement par suite de la dessication, un dessin en relief rappelant des caractères chinois. La veine humérale se perdant avant l'extrémité de l'élytre dans les nervures costales, mais se continuant dans une ou deux branches postérieures un peu rameuses. La veine discoïdale forte, longeant le sillon anal et émettant neuf ou dix secteurs saillants; ces secteurs sont en général simples, mais souvent il s'en réunit deux en un seul vers la base, ce qui produit une fourche; le premier est contigu à la veine humérale dans son premier tiers. La quatrième veine axillaire, souvent bifurquée. Ailes nettement réticulées; la veine scapulaire postérieure s'avançant assez près du bout de l'aile, effacée et indistincte, émettant 9-10 nervures costales fines très-nettes. La veine humérale peu ramifiée, au bout seulement, et ne fournissant aucune branche postérieure; l'aire vitrée entièrement réticulée, ainsi que le bout de l'aile; les bandes discoïdales jusqu'aux deux tiers du champ, n'offrant chacune qu'une seule vénule transversale.

Couleur vert-d'eau pâle; corps testacé pâle; un point roux entre les yeux; de chaque côté du prothorax une bande jaune qui se prolonge le long de l'élytre. Bords latéraux du prothorax demi-transparents. Ailes hyalines, à veines incolores; le champ marginal seul un peu teinté de verdâtre.

♀. Longueur du corps, 0,020; — id. avec les élytres, 0,026; — id. de l'élytre, 0,0215; — id. du prothorax, 0,006; — largeur du dit, 0,007.

♂. Un individu pris à Cuba, qui nous semble appartenir à cette espèce, a les yeux un peu plus écartés que la ♀. La taille est plus petite. Peut-être n'est-ce pas là le ♂ de cette espèce; peut-être aussi faut-il considérer le *P. Poeyi* comme le véritable mâle.

Obs. La bande jaune de l'élytre passe souvent au roux par la dessication.

Habite : Les Antilles. J'ai pris sur le versant oriental du Mexique plusieurs individus ♀ qui me paraissent appartenir à cette espèce, quoique les sillons latéraux du prothorax y soient un peu plus prononcés. Je possède aussi un certain nombre d'individus de Cuba et du Brésil.

Var.? ♀. Prothorax un peu plus strié; les élytres et surtout leur marge plus incolore; le premier secteur du champ discoïdal postérieur bifurqué à l'extrémité; les bandes intervénulaires déjà en grande partie partagées par des secteurs intercalés, vers la base du champ et le long de la veine humérale. Longueur du corps, 18mm; aile, 19mm. — (*P. luteola*, Sauss. Revue de Zoologie, XVI, 1864, 342, 53). — Surinam. (Musée de Senkenberg.)

90. Panchlora prasina, Burm.

P. virescenti *affinissima; sed pronoto paulo striatiore, latiore et marginibus reflexioribus; elytrorum margine paulo opaciore; clytrorum campo anali punctatiore, et campo discoidali dupliciter reticulato; oculis valde remotis.* — Long. corp. 0,022; elytri 0,026.

P. prasina, Burm. Handb. II, 507, 3.

Cette espèce a, comme la *glauca*, les mailles carrées de la réticulation du champ postérieur de l'élytre partagées en petites mailles par de petites vénules intérieures assez irrégulières. La vénulation ressemble beaucoup à celle de la *P. virescens*, mais la v. scapulaire de l'élytre ne se termine pas par deux petites branches distinctes; les veines costales de l'aile sont rameuses ou réticuleuses, très-rapprochées les unes des autres, indistinctes, vu l'opacité de la marge, et la branche postérieure de la v. scapulaire qui les porte est encore plus effacée, à peine appréciable. Le champ discoïdal est plus complétement réticulé. Les yeux sont écartés l'un de l'autre d'un millimètre.

Habite : Le Brésil.

91. Panchlora Cubensis, Sauss.

P. virescenti *simillima, sed paulo minus elongata hyalino-virescens utrinque fascia albida; oculis paulo magis remotis (intervallo rufo-maculato circiter $^{3}/_{5}$ mill. sejunctis); pronoti et elytri margine laterali subopaco, viridi.*

P. Cubensis, Sauss. Revue de Zoolog. XIV, 1862, 280.

♀. Très-voisine de la *P. virescens*, mais ayant les yeux un peu plus écartés au sommet; l'espace situé entre les yeux large de $^{3}/_{5}$ de millimètre, occupé par une tache rousse et un peu striée. Formes et couleurs sensiblement les mêmes que chez la *P. virescens*, mais le prothorax un peu plus opaque, un peu plus bombé; ses bords latéraux n'étant pas transparents, mais occupés par une ligne verte (cette couleur très-prononcée), et le cordon marginal seul incolore; la marge de l'élytre aussi demi-opaque et verte. — Les élytres sont moins longs que chez l'espèce citée; la v. humérale fournit six fortes v. costales, et une branche postérieure entre la sixième et la septième costale;

ensuite elle devient faible tout en restant droite ; la première discoïdale est simple et se sépare très-vite de la v. humérale; les secteurs discoïdaux sont simples aussi. L'aile est hyaline, avec le stigma jaunâtre; la v. scapulaire postérieure est distincte; la bande vitrée postérieure presque complétement réticulée ; le champ discoïdal n'offre qu'une vénule transverse par bande, jusqu'au milieu de la longueur de ce champ.

♀. Longueur du corps, 0,018 ; — id. avec les élytres, 0,024 ; — id. de l'élytre, 0,020.

Habite : L'île de Cuba. (Récoltée par M. F. Poey.) Cette espèce pourrait être une variété de la *P. virescens.*

92. PANCHLORA ANTILLARUM, Sauss.

P. virescenti *simillima at minor, crassior; oculis* valde sejunctis; *pronoto fornicato, postice acute angulato, marginibus lateralibus valde deflexis, canaliculatis, opaco-viridibus; elytris brevibus, abdomen parum superantibus, margine opaco.*

P. Antillarum, Sauss. Revue de Zoolog. XIV, 1862, 230.

♀. Forme de la *P. virescens*, mais plus trapue ; prothorax plus bombé, à bords latéraux plus fortement rabattus ; son bord postérieur un peu sinué et formant un angle vif, nullement arrondi ; les bords latéraux cannelés. Tête saillante. Les yeux fortement espacés ; l'espace qui les sépare sensiblement égal à 1 millimètre, et offrant aussi une teinte rougeâtre. Élytres sensiblement moins longs, dépassant beaucoup moins longuement l'abdomen. Champ anal strié, et les stries séparées par des lignes de points ; la première v. discoïdale fourchue. L'aile un peu plus réticulée, surtout l'extrémité du champ marginal ; la bande vitrée antérieure l'étant un peu irrégulièrement.

Couleur vert-d'eau avec une ligne blanchâtre de chaque côté ; bords latéraux du prothorax et de l'élytre, opaques et portant une bande verte.

Longueur du corps, 0,016 ; — id. avec les élytres, 0,0195 ; — id. de l'élytre, 0,0162.

Habite : L'île de Cuba.

93. PANCHLORA VIRIDIS, Fabr.

Viridis, antennis punctoque inter oculos fulvis; vitta pronoti utrinque marginali nec non humerali elytrorum, flava. — Long. corporis 5 lin.

Blatta viridis, Fabr. Ent. syst. II, 8, 14. — ? Stoll Kakerl. tab. III, d. fig. 12.
Panchlora viridis, Burm. Handb. II, 506, 1.

Habite : Les Indes occidentales.

Cette espèce est décrite trop brièvement pour être reconnue avec précision. Elle paraît être plus petite que la *P. virescens*; ses yeux ne sont pas contigus comme chez la *P. Poeyi*.

94. Panchlora Poeyi, Sauss.

Hyalino-virescens P. virescenti *simillima at minor et oculis* contiguis; *pronoti et elytrorum margine pellucido; elytris valde elongatis.*

P. Poeyi, Sauss. Revue de Zoolog. XIV, 1862, 230.

♂. Plus petite que la *P. virescens*, mais lui ressemblant exactement. Les yeux *complétement contigus* ou subcontigus. Prothorax strié comme chez l'espèce indiquée, mais un peu plus fortement à son extrémité postérieure. Plaque sous-génitale transversale, à bord terminal droit. Couleur la même que chez l'espèce citée. Styles anaux très-petits.

♂. Longueur du corps, 0,0115; — id. avec les élytres, 0,017; — id. de l'élytre, 0,0138.

Habite : L'île de Cuba et les terres tempérées du Mexique.

95. Panchlora nivea, Serv.

Parvula hyalino-virescens, utrinque fascia flava; corpore testaceo, capite prominulo; pronoto et elytris in margine pellucidis, illo postice valde, antice tenuiter, striato, his sulco anali fere nullo, tantum venis 2 indicato; abdominis ultimo segmento ventrali apice truncato, biangulato.

Blatta nivea, Linn. Syst. nat. ♂ 88. — Fabr. Ent. syst. II, 82, 12. — Drury, Illustr. II, 66, pl. 36, fig. 8 ♀. — Serv. Orth. 102, 27 et auct.

Longueur du corps, 0,012; — id. avec les élytres, 0,017.

Habite : La Guyane, Cayenne. Remarquable par sa petite taille.

96. Panchlora Lancadon (fig. 29).

P. virescentis *statura et illi affinissima; virescens, utrinque fascia flava; pronoto nitido, tantum postice striato et sulco arcuato transverso instructo; areis lateralibus densc et tenuiter punctatis, margine arcuato, rotundato; elytris puncto nigro in fascia laterali flava ornatis.*

P. Lancadon, Sauss. Revue de Zoolog. XVI, 1864, 342, 54.

♀. De la taille de la *P. virescens* et lui ressemblant beaucoup. Tête un peu saillante. Yeux distants d'un demi-millimètre. Antennes roussâtres; front et vertex jaunes; un point roux entre les yeux. Thorax, pattes et élytres verdâtres; abdomen un peu fauve. Prothorax très-luisant, offrant de chaque côté une belle bande jaune qui se continue sur les élytres; les bords latéraux arrondis, la bande transparente du bord ne formant pas une bordure égale, mais s'élargissant un peu en arrière; ces bandes finement et densément ponctuées. La surface du prothorax n'étant striée qu'en arrière, et offrant avant les stries une dépression arquée transversale. Sur la bande jaune de chaque élytre, un point noir et, en outre, quelques points analogues très-petits disséminés sur l'élytre. Nervures du champ anal élevées; secteurs du champ discoïdal verts, espacés; les mailles elles-mêmes partagées par de petites nervures souvent incomplètes. Les trois premiers secteurs simples, les derniers très-rameux, donnant une réticulation irrégulière. Ailes ayant tout l'espace situé entre les deux veines scapulaires vert-opaque; cette bande se continuant à travers le stigma opaque; la bande vitrée postérieure à réticulation complète vers le bout, nulle vers la base; champ discoïdal non réticulé jusque bien au delà du milieu. Plaque sous-génitale rétrécie en arrière, bilobée.

Longueur du corps, 0,020; — id. avec les élytres, 0,026; — id. des élytres, 0,022; — id. du prothorax, 0,006; largeur du prothorax, 0,0075.

Habite : Le Guatimala.

Cette espèce se distingue de la *P. virescens* par son prothorax à bords et à angles latéraux plus arrondis, et par sa réticulation élytrale.

Fig. 29. *Panchlora Lancadon* ♀, de grandeur naturelle. (La vénulation alaire n'est pas très-exacte.)

97. Panchlora Peruana, Sauss.

Viridi-hyalina; oculis subcontiguis; elytris apicem versus puncto coriaceo fusco instructis.

P. Peruana, Sauss. Revue de Zoolog. XIV, 1864, 342, 52.

Très-voisine de la *P. virescens*, mais plus petite. Très-voisine aussi de la *P. Poeyi*. Yeux subcontigus. L'élytre gauche ayant une vénulation simple; le champ postérieur offrant aux trois quarts de la longueur de l'élytre un point corné brun; le champ discoïdal de l'aile réticulé seulement tout à l'extrémité; l'aire vitrée complétement réticulée.

Longueur, 0,015; — aile, 0,015.

Habite : Le Pérou. Moyabamba.

B. Une ligne noire oblique très-fine de chaque côté du prothorax dans le sillon qui borde la partie opaque.

98. PANCHLORA PULCHELLA, Burm.

Viridis, vitta pronoti untrinque nec non altera humerali elytrorum albida; illa antice, hac postice nigro-marginata lineolisque nigris obliquis notata.

P. pulchella, Burm. Handb. II, 507, 4.

♀. Tête arrivant au niveau du bord du prothorax. Yeux médiocrement rapprochés, séparés par un espace roux de plus d'un demi-millimètre de largeur. Prothorax aplati, ses côtés peu rabattus, ses bords latéraux réfléchis en haut; l'angle postérieur obtus, fortement strié. Bosselures du disque assez distinctes, offrant deux lignes arquées enfoncées, réunies au milieu ; les bandes hyalines des bords latéraux étroites, bordées de chaque côté par une ligne noire prononcée. La bande blanche des élytres postérieurement bordée par une ligne noire qui, après le milieu, devient une ligne de points, et qui, avant le milieu de l'élytre, émet quelques lignes noires obliques dirigées vers la marge. Vers le bout de chaque élytre, dans le champ postérieur, une petite tache noire. Réticulation du champ discoïdal postérieur, dense ; les mailles carrées primitives partagées en petites mailles.

Longueur du corps, 0,021 ; — élytre, 0,021.

Habite : Le Brésil. (Musée de Senkenberg.)

99. PANCHLORA ZENDALA, Sauss. (fig. 30).

Valida, hyalino-virescens, corpore pallidore ; oculis puncto fusco sejunctis; pronoti et elytrorum vitta utrinque flava; areis marginalibus lateralibus pronoti hyalinis, grosse punctatis, intus linea nigra tenuissime marginatis; elytri sulco anali basi et vena humerali apice frequenter tenuissime nigro-lineatis; elytris ante apicem punctulo nigro, pone campum analem punctis 2 nigris.

P. Zendala, Sauss. Revue de Zoolog. XIV, 1862, 231.

♀. Grande pour ce groupe, de couleur testacée, avec les membranes transparentes. Couleur vert d'eau, ou jaunâtre par altération. Yeux assez espacés, séparés par une tache noirâtre. Prothorax obtus, tronqué en devant ; ses lobes latéraux arqués ; sa surface, convexe, striée transversalement à l'extrémité postérieure; la portion opaque lisse, verdâtre ou blanchâtre ; les bords latéraux transparents, distinctement ponctués et striés. Élytres ponctués ; la marge relevée l'étant fortement et densément ; la veine scapulaire bifide au bout; la v. humérale simple, terminée en ligne droite, mais émettant une branche postérieure deux fois fourchue au bout et dont la branche postérieure atteint le bout de l'élytre; la première v. discoïdale (ou premier secteur), simple; ensuite, les trois premiers secteurs simples; les trois autres bifurqués près de la base. Champ anal de l'élytre gauche faiblement réticulé en carrés; les nervures élevées, séparées par des doubles lignes de points. Champ postérieur régulièrement réticulé en carrés ou en losanges. Champ discoïdal de l'aile très-peu réticulé dans ses deux tiers basilaires. Plaque sous-génitale bosselée, offrant deux gouttières longitudinales.

Couleur verdâtre-hyaline; antennes fauves; de chaque côté du prothorax et des élytres, une large bande blanche (ou jaune); en outre, de chaque côté du prothorax, une petite ligne noire bordant la portion opaque; une petite ligne semblable noire ou verdâtre indiquant le sillon anal jusqu'au milieu de sa longueur. Champ anal large, en forme de dé à coudre, arrondi en demi-cercle; en arrière de celui-ci, de chaque côté, deux ou trois petits points noirs; en outre, un petit point analogue sur la partie postérieure de l'élytre, et la nervure humérale devenant souvent noire dans sa portion postérieure. Antennes fauves.

Var. ♀. Les points noirs des élytres sont sujets à manquer.

♂. Les secteurs discoïdaux de l'élytre, simples et plus nombreux.

Longueur du corps, 0,024; — id. avec les élytres, 0,033; — id. de l'élytre, 0,028; — id. du prothorax, 0,008; — largeur du dit, 0,0101.

Habite : Le Guatemala, Izabal. (Deux individus ♀ provenant de la collection Guérin-Méneville.)

Cette espèce est reconnaissable à sa grande taille et aux bords rugueux du prothorax et des élytres.

Fig. 30. *Panchlora Zendala*, Sauss. ♀ un peu grossie.

100. Panchlora Mexicana, Sauss.

P. Moxæ *simillima at valde minor; pronoti marginibus haud punctatis; elytris macula 1 in vena humerali, 4 pone sulcum analem, et 3-4 in parte postica, ornatis.*

P. Mexicana, Sauss. Revue de Zoolog. XIV, 1862, 231.

♀. Même facies que la *P. Zendala* et même couleur, mais presque deux fois plus petite. Les bandes transparentes du bord du prothorax peu ou pas ponctuées; l'espace d'un millimètre qui sépare les yeux, partagé par un petit sillon noir. De chaque côté du prothorax, une ligne noire bordant sa partie opaque, et une autre verdâtre occupant la base du sillon anal de l'élytre; en arrière de la courbure de celui-ci, de chaque côté, quatre points noirs formant une ligne oblique qui, en se prolongeant, irait aboutir à un autre point noir, situé sur la nervure humérale ; en outre, trois ou quatre points noirs disséminés sur la portion postérieure de chaque élytre. Veine humérale terminée en forme de v. costale; sa branche postérieure très-rameuse. Ailes dépassant les élytres de 1 ou 2 millimètres; la v. scapulaire postérieure bien marquée; la v. humérale assez rameuse au bout; la bande vitrée postérieure ayant ses mailles légèrement interrompues le long de la v. vitrée; les bandes discoïdales, jusqu'au milieu de l'aile, non réticulées; celles de l'extrémité ne l'étant pas dans leur première moitié.

Longueur du corps, 0,015; — id. avec les élytres, 0,021; — id. de l'élytre, 0,018; — id. du prothorax, 0,0055; — largeur du prothorax, 0,0065.

Habite : Les régions tempérées du Mexique. J'ai pris cette espèce dans les vallées du versant oriental de la Cordillière.

Var. Un individu également du Mexique a les taches des élytres à peine indiquées, et les yeux un peu plus écartés; l'espace qui les sépare est occupé par une bande brune. La tête est entièrement cachée sous le prothorax. Les segments de l'abdomen ne dessous, offrent de chaque côté une tache noire. (Musée de Bâle.)

101. Panchlora Azteca, Sauss. (fig. 31).

Fusco-testacea, abdomine fusco; pronoto et elytris virescentibus, fascia utrinque flava, hac in pronoto utrinque fascia nigra marginata; elytris supra fasciam in dorso fuscis, postice hyalinis, basi circum scutellum pallidis; pronoti lateribus valde deflexis; elytrorum venis elevatis (secunda campi analis, bifurcata).

P. azteca, Sauss. Revue de Zoologie, XIV, 1862, 230.

Grandeur de la *P. virescens*. Prothorax plus arrondi, plus fortement bordé; son bord postérieur prolongé moins loin sur la base des élytres, mais formant au milieu un angle plus distinct, à bords un peu *sinués*. Les angles latéraux, arrondis, placés plus en arrière (la ligne qui les joindrait passerait en arrière du milieu du prothorax); les côtés plus fortement rabattus, dessinant des espèces d'épaules. La surface, lisse, fortement striée postérieurement, faiblement à l'extrémité antérieure; les bandes latérales transparentes, finement anguleuses. Côtés des élytres fortement rabattus; les deux nervures qui accompagnent le sillon anal, très-distinctes. La plaque sous-génitale ♀ grande, convexe, entière, avec deux fortes gouttières longitudinales situées en dedans des filets anaux, en dehors desquels on voit un repli qui forme gouttière. Nervures des élytres fort élevées; le champ anal obscurément réticulé; — entre ses nervures, les ponctuations ne forment pas des lignes aussi distinctes que chez d'autres espèces; — la deuxième veine axillaire, bifurquée; la veine humérale terminée en forme de nervure costale; sa branche postérieure continuant la direction longitudinale, émettant trois branches antérieures, la deuxième bifurquée. Ailes comme chez la *P. Moxa*, mais les vénules du champ discoïdal plus fines et transparentes, et plus nombreuses vers le milieu.

Corps brun-testacé, avec l'abdomen brun. Antennes d'un jaune brunâtre. Une tache brune entre les yeux. Prothorax et élytres vert d'eau, ou testacés pâle, à marges hyalines et avec, de chaque côté, la bande jaune habituelle; celle-ci bordée en dessous au prothorax par une ligne noire qui la sépare de la marge transparente; élytres bruns au-dessus de la bande jaune humérale, mais devenant graduellement transparents depuis le milieu et incolores au bout, avec quelques petits points bruns épars; le sillon huméral formant presque une ligne noirâtre à la base; la base autour de l'écusson offrant une tache pâle fondue; marges humérales transparentes. Ailes transparentes, subenfumées.

Longueur du corps, 0,020; — id. avec les élytres, 0,027; — id. des élytres, 0,0225; — id. du prothorax, 0,0066; largeur du prothorax, 0,008.

Habite : Les terres chaudes du Mexique. Pris dans la Cordillière de Cordova.

Chez notre seul individu, la tête est entièrement cachée sous le prothorax.

Fig. 31. *Panchlora Azteca*, ♀. de grandeur naturelle.

102. PANCHLORA MOXA, Sauss.

Virescens, magis opaca; fascia utrinque viridi opaca, nec non margine tenuissimo diaphano; pronoto valde arcuato, convexo, pomicolore, margine utrinque deflexo, linea tenuissima intra-marginali nigra; elytrorum venis elevatis (campi anali 1ª et 3ª bifurcatis).

P. Moxa, Sauss. Revue de Zoolog. XIV, 1862, 231.

Très-voisine de la *P. virescens*, mais de couleur plus opaque. Prothorax plus convexe, plus voûté, ayant ses côtés fortement réfléchis en bas; ses marges, latérales, transparentes, étroites et ponctuées, *tombantes*, quoique fortement bordées; les épaules indiquées; la surface, lisse, *nullement bosselée*, striée postérieurement et aussi très-finement à l'extrémité antérieure.; l'angle du bord postérieur très-arrondi. Marge de l'élytre réfléchie en haut, ayant presque une forme de gouttière. Le sillon anal peu marqué, n'étant enfoncé qu'à la base. Nervures des élytres très-élevées; champ anal fortement réticulé; sa première et sa troisième veine bifurquées; en dehors de la première, on voit des réticulations ou branches irrégulières. Réticulations du champ postérieur fortes, mais devenant irrégulières vers l'extrémité; plusieurs vénules transversales étant bifurquées. Veine humérale terminée en forme de veine costale; sa branche postérieure très-rameuse. Ailes ayant la veine humérale très-rameuse au bout; la bande vitrée postérieure ayant ses mailles fortement interrompues ; les bandes discoïdales jusqu'au delà du milieu de l'aile coupées par une seule vénule transversale ; le reste réticulé.

Couleur vert-pomme, avec, de chaque côté, une bande d'un vert plus pâle. Cette bande opaque s'étendant jusque très-près du bord des élytres, en sorte qu'il ne reste d'incolore qu'un petit liseré le long de ce bord; cette bordure légèrement roussâtre. Corps et antennes fauves-testacés. Élytres un peu moins membraneux que chez l'espèce citée, devenant un peu blanchâtres à la base dans le disque, offrant un petit point noir sur la nervure humérale et deux ou trois autres très-petits dispersés sur la seconde moitié de l'élytre; le prothorax offrant en outre de chaque côté une petite ligne noire qui sépare les marges transparentes de la partie opaque.

Chez notre individu, la tête est entièrement recouverte par le prothorax.

♂. Longueur du corps, 0,014 ; — id. avec les élytres, 0,0225; — id. de l'élytre, 0,0185; — id. du prothorax, 0,005 ; — largeur du prothorax, 0,006.

La ♀ est sans doute plus grande que le ♂.

Cette *Panchlora* est surtout caractérisée par la forme très-voûtée du prothorax et par l'étendue de sa couleur opaque, qui, au prothorax et surtout aux élytres, ne laisse de transparent qu'un bord deux fois plus étroit que chez l'espèce citée et autres voisines.

Habite : La Bolivie.

B. Tout le prothorax et la marge des élytres opaques.

103. Panchlora glauca, Sauss.

Depressa, virescens, P. virescente *opacior, utrinque fascia flava; margine utrinque pronoti et elytri opaco; elytris densissime reticulatis.*

P. glauca, Sauss. Revue de Zoolog. XIV, 1862, 241.

♀. Un peu plus grande que la *P. virescens,* de même livrée et de même forme, mais ayant le prothorax et les élytres plus opaques et plus verts. Tête ne dépassant pas le prothorax, mais arrivant au niveau de son bord ; deux sillons latéraux au prothorax, peu profonds, ayant presque une forme de gouttière; les marges latérales un peu plus réfléchies, plus finement ponctuées que chez la *virescens,* n'étant guère transparentes; la couleur opaque se prolongeant jusqu'au bord. Marge de l'élytre largement et entièrement opaque jusqu'au bord, jaune. Base des élytres assez opaque; le champ anal très-ponctué, réticulé ; les mailles partagées par des lignes secondaires en relief intercalées entre les nervures longitudinales; champ discoïdal réticulé de la même manière, rempli de mailles très-irrégulières et très-denses, les mailles primordiales se trouvant ainsi partagées en 2, 3, 4 mailles par des vénules rameuses; la partie recouverte de l'élytre, seule membraneuse, mais encore irrégulièrement doublement réticulée; la branche terminale de la veine humérale seulement bifurquée au bout. Ailes partout densément réticulées; la bande vitrée antérieure l'étant même d'une manière un peu rameuse.

Longueur du corps, 0,020; — id. avec les élytres, 0,027; — id. de l'élytre, 0,022; — id. du prothorax, 0,0064; — largeur du prothorax, 0,008.

Habite : Le Brésil.

Cette *Panchlora* diffère de la *P. Moxa* par son prothorax beaucoup moins voûté, par son sillon anal très-prononcé et par les bords du prothorax et des élytres qui n'ont pas de bande transparente. Ce dernier caractère la distingue aussi des autres espèces de ce groupe ici décrites. Le prothorax est un peu moins strié que chez la *P. virescens*, et son angle postérieur est un peu plus obtus. La réticulation de l'élytre est analogue à celle de la *P. prasina*.

3me section. *Couleur brunâtre, mouchetée. Antennes aussi longues que le corps; celui-ci très-aplati; filets anaux plus longs; prothorax peu voûté; le milieu du bord postérieur formant une saillie moins prononcée. Tête dépassant le prothorax.*

Dans ce groupe les élytres sont demi-coriacés; la vénulation ressemble beaucoup à celle qui caractérise la deuxième section, mais elle est plus rameuse; la veine scapulaire est très-ramifiée au bout; le champ marginal est très-dilaté; la deuxième veine discoïdale se résout immédiatement en rameaux nombreux, en sorte que les secteurs partent de l'angle qui forme la base du champ au lieu de sortir de la branche qui contourne le champ anal; ils sont très-nombreux et ramifiés, et s'anastomosent souvent les uns sur les autres. La réticulation est très-dense. L'aile est partout réticulée; les v. costales manquent, mais la bande interscapulaire est réticulée. L'insecte est coloré et moucheté un peu comme chez les *Epilampra;* ce type rappelle du reste dans son ensemble le faciès de ces insectes, et il forme parmi les Mutiques le correspondant des *Epilampra*.

104. PANCHLORA MADERÆ, Fabr.

Fusco-fulva, pronoto elytrisque testaceis vel flavo-fuscis; pronotum transversum, breve, tenuissime marginatum, lateribus parum cadentibus, supra fusco-punctulatum (puncta in duplicam seriem disposita figuram V-formem arcuatam delineantia); elytra densissime quadrato-reticulata, venis transversalibus fuscis tessellata, margine et basi testaceis nec non linea humerali elongata et fascia arcuata dorsali (secundum sulcum), fusca. — Longit. corporis, 0,040; cum elytris 0,048.

Blatta Maderæ, Fabr. Ent syst. II, 6. — Herbst. Archiv. tab. 49, fig. 3. — Stoll. Kakerl. tab. II, *d*, fig. 7. — Hahn, Icones Orthopt. I. Blatt. tab. 8, fig. 1. — Serv. Orth. 87. — Brullé, Hist. des Ins. IV, 49, pl. 3, fig. 1.
Blatta major, Palis. Beauv. Ins. d'Afr. et d'Amér. 182, pl. I *b*, fig. 2.
Panchlora Maderæ, Burm. Handb. II, 507. — Guérin, Ins. de Cuba (l. l.), 338.

L'ornementation du prothorax est assez remarquable; elle se compose d'une double ligne de points qui dessine presque une lyre large, ou un *V* large et arrondi en bas, à branches divergentes et arquées au bout. Lorsque le centre du dessin devient obscur la figure prend la forme d'un écusson héraldique à bord antérieur droit et à angles prolongés latéralement, à bord postérieur arqué et à bords latéraux sinués.

Nos individus du Mexique ont une teinte pâle. Les élytres sont gris-jaunes avec le sillon anal et la nervure humérale, bruns; ceux que j'ai pris à *Cuba* sont fortement mouchetés.

Habite : Les Antilles, le Mexique, où elle paraît avoir été importée. Cette Blatte est presque cosmopolite; j'ai sous les yeux des individus du Brésil, du Sénégal, de Madère et des Indes. Elle est probablement originaire de l'Afrique.

4me section. *Formes très-larges, très-trapues; prothorax élevé en arrière, tombant en avant; son lobe postérieur très-prononcé; bord externe des élytres fortement arqué et un peu excisé vers l'extrémité; la vénulation ressemblant à celle de la 3me section.* — Type africain.

PANCHLORA AESTUANS, Sauss. Mél. Orthopt. I, 31, 30, fig. 20. — Sénégal.
P. FERVIDA, Sauss. Revue de Zoologie, XVI, 1864, 341, 50. — Id.
P. AFRICANA, Sauss. Revue de Zoologie, XVI, 1864, 342, 51. — Gabon.

GENRE NAUPHŒTA, Burm.

BLATTA, Serv. — NAUPHŒTA, Burm.

Formes aplaties.

Tête légèrement saillante.

Prothorax à bord postérieur tronqué en ligne droite, parfois un peu arqué, mais l'écusson restant toujours à nu; ses bords latéraux rabattus, infléchis en bas.

Élytres de la longueur de l'abdomen ou plus courts encore, demi-membraneux, à sillon anal distinct.

Les antennes sont un peu moins longues que le corps.

La tête dépasse un peu le prothorax; celui-ci est large, tronqué au bord antérieur et au bord postérieur, un peu voûté, à surface unie et à *bords latéraux rabattus en bas.*

L'abdomen est large et les élytres étroits (au repos ces organes sont le plus souvent débordés par les bords de l'abdomen), et peu allongés, fortement veinés et striés. Le champ marginal est très-étroit; les nervures longitudinales, très-rameuses; à l'aile le champ antérieur est étroit, fort réticulé et coloré. Les filets anaux sont courts et styliformes.

Les *Nauphœta* sont des *Panchlora* chez qui le bord postérieur du prothorax est tronqué. Ils s'en distinguent en outre par des ailes moins développées. On peut aussi les envisager comme des *Proscratea* dont le prothorax a ses côtés *rabattus.* Ces deux genres pourraient donc être réunis en un seul.

Plusieurs *Blatta* offrent parfaitement le facies des *Nauphœta* (*Bl. bifasciata—Bl. lævigata,* etc.) et ne s'en distinguent que par leurs cuisses épineuses.

1. *Champ anal des élytres terminé en pointe.*

PR. CIRCUNDATA, De Haan. — Java.

2. *Champ anal ovoïde, arrondi à l'extrémité.*

105. Nauphœta cinerea, Oliv.

Griseo-testacea, lata; verticis fascia fusca; pronoti utrinque vitta intra-marginali fusca, disco fusco et pallido tessellato; elytris corpore ♀ brevioribus, linea humerali fusca, pallide tessellatis et basi margine pallido.

Blatta cinerea, Oliv. Encycl. IV, 314, 8. — Serv. Orthopt. 89, 7.
Nauphœta grisea, Burm. Handb. II, 508, 2.

♀. Grande. Prothorax large, tronqué antérieurement, bordé ; le milieu du bord postérieur formant une très-légère saillie arrondie. Abdomen grand. Élytres assez opaques, n'atteignant pas tout à fait son extrémité ; le sillon anal des deux élytres au repos dessinant un ovale ; le champ anal ne se terminant donc nullement en pointe, parcouru par de nombreuses veines axillaires ; entre ces nervures, toujours deux lignes de ponctuations ; le champ marginal étroit ; la veine scapulaire nulle ou indistincte ; la v. humérale n'atteignant pas en ligne droite le bout de l'aile, mais se résolvant dès le milieu en nombreuses branches longitudinales ; la v. discoïdale longeant d'abord la v. humérale, formant trois branches principales très-ramifiées, et dirigées obliquement en arrière. Les secteurs élevés ; les bandes intervénulaires offrant toujours trois plis longitudinaux figurant comme des nervures longitudinales secondaires, qui recoupent les mailles et entre lesquelles sont des lignes de ponctuations (surtout à la base), ce qui fait paraître l'élytre densément strié ; ailes ayant le champ antérieur petit et étroit ; les v. costales indistinctes, sauf celles qui émanent de la v. humérale ; celle-ci seulement bifurquée au bout ; la v. vitrée tantôt simple, tantôt bifurquée ; la bande vitrée antérieure à mailles très-larges ; la postérieure peu réticulée ; le champ discoïdal densément réticulé partout, à secteurs nombreux. Plaque sous-génitale prolongée à l'extrémité et arrondie, souvent comprimée ; la suranale de même longueur qu'elle et un peu bilobée.

Couleur d'un gris testacé, testacée en dessous ; face brunâtre ; d'un œil à l'autre, une grande bande brune ; de chaque côté du prothorax, une bande brune intra-marginale ; le disque marqueté de brunâtre et de testacé (offrant vers la base un *x*, et en avant deux traits brisés tournés dos à dos et diverses autres marques allongées, de couleur pâle). Élytres d'un gris-jaune pâle, partout un peu mouchetés de couleur plus pâle, et offrant souvent à leur partie postérieure des petits traits transversaux un peu plus foncés. De chaque côté, une petite ligne humérale brune. Champ antérieur des ailes un peu teinté, presque comme l'élytre, surtout le long des nervures, avec une ligne pâle opaque le long du milieu de la côte. Épines des tarses brunes.

♂. Plus petit. Les élytres dépassant à peine l'abdomen.

Longueur du corps, 0,030 ; — id. de l'élytre, 0,022.

Habite : L'île de Cuba. Cette espèce devient cosmopolite Nous en possédons divers individus pris à l'Ile-de-France.

GENRE PROSCRATEA, Burm.

BLATTA, Serv. — PROSCRATEA, Burm. — ZETOBORA, Burm. ex parte (sect. A).

Corps large et aplati.

Tête dépassant le prothorax. Antennes sétacées, grosses, de la longueur du corps (plus ou moins).

Prothorax parfaitement plat ; ses bords latéraux point rabattus, n'offrant pas un capuchon complet ; son bord postérieur tronqué en ligne parfaitement droite d'une épaule à l'autre, ou même subconcave, puis dirigé obliquement en avant de droite et de gauche, en dehors des épaules.

Élytres plats, à bord externe fortement sinué, souvent assez courts.

Ici les formes sont aplaties. La tête dépasse le prothorax sur toute sa largeur ; elle est très-aplatie, et offre des taches à l'endroit des ocelles. Les palpes ont le dernier article renflé, un peu plus long que le précédent, lequel est en entonnoir. Le prothorax est transversal, *tout à fait plat*, à bords horizontaux nullement rabattus et bordés par un cordon saillant. Le bord antérieur est régulièrement arqué, quelquefois presque en demi-cercle ; le postérieur, au contraire, est tronqué, laissant l'écusson entièrement à nu ; mais en dehors des épaules ce bord est tronqué obliquement et rencontre le bord antérieur en s'arrondissant ; parfois, les bords latéro-postérieurs qui résultent de cette troncature sont sinués et fortement bordés. La surface est peu bosselée, mais au-dessus de la tête elle se relève pour former une légère voûte. L'écusson est très-grand, entièrement découvert, plus large que long. L'abdomen est grand et large, très-plat ; il se termine par des pièces anales simples et arrondies, et par deux filets courts ; chez les ♂ on voit aussi deux petits styles distincts.

Les élytres sont variables de grandeur, tantôt larges et débordants, tantôt plus ou moins atrophiés; ces organes ne se croisent qu'à l'extrémité, et laissent tout l'écusson à nu; leur bord externe est fortement sinué; d'abord arqué et convexe, ensuite excisé et un peu concave. La réticulation est souvent très-prononcée. Les élytres demi-membraneux, ont des veines fortes et épaisses; le champ marginal est assez dilaté à la base, complétement excisé au bout; la base est réticuleusement opaque; les veines costales sont très-arquées, séparées par un réseau réticuleux; la veine humérale, forte et saillante, atteint le bout de l'aile; les veines discoïdales sont fortes et rameuses, leurs branches s'anastomosent quelquefois entre elles; l'extrémité du champ anal et la partie du champ discoïdal qui lui fait suite sont grossièrement et irrégulièrement réticuleux. Les ailes sont incolores, à champ antérieur médiocre, à réticulation large; les veines costales scapulaires sont rares et onduleuses, à stigma nul; l'avant-dernier secteur discoïdal est souvent fourchu. Les pattes n'offrent rien de bien remarquable.

Ce genre est très-voisin des *Nauphœta*, mais il s'en distingue par son faciès différent, surtout par son prothorax plat, étendu en forme de lame transversale.

Les *Proscratea* sont presque des *Zetobora* aplaties; elles diffèrent de ces dernières par leur tête saillante et par leur prothorax, qui forme une voûte prononcée au-dessus de la tête, mais non un capuchon complet, le vertex dépassant le prothorax.

1re Division. PROSCRATEA. (*Proscratea*, Burm.)

Formes peu dilatées. Prothorax en demi-cercle, moins large que l'abdomen, à bords latéraux peu ou pas dilatés; les bords latéro-postérieurs tronqués ou arqués; tous les bords finement bordés. Élytres de la longueur du corps ou moins longs, étroits, souvent plus on moins atrophiés; leur marge étroite, ne débordant pas l'abdomen sur les côtés. Les deux champs anaux pris ensemble, dessinant au repos des élytres la forme de mytre, c'est-à-dire attennués vers le bout. Plaques anales arrondies, sans distinction; la sous-génitale sinuée chez les ♂. Antennes de la longueur du corps. Abdomen un peu convexe, surtout en dessous; ses bords entiers; filets anaux très-courts, dentiformes.

Ces insectes font la transition aux *Nauphoeta;* ils ont comme eux une livrée riche et variée.

106. PROSCRATEA PERUANA, Sauss. (fig. 32).

Castanea, frontis linea transversa, vertice, pronoti limbo maculaque utrinque trigona postica, scutello, elytrorum basis macula, margine externo et apice, flavo-testaceis; pedibus testaceis; abdomine subtus castaneo, supra tessellato; elytris ♀ corpore brevioribus, ♂ æqualibus; antennis corpore longioribus.

Pr. Peruana, Sauss. Revue de Zoolog. XIV, 1862, 232

Formes aplaties. Antennes plus longues que le corps. Tête assez fortement saillante au delà du prothorax. Celui-ci plus fortement bordé, lisse; son milieu légèrement bosselé, offrant quelques petites impressions vagues. Espace scutellaire grand. Élytres plats, coriacés, lisses et luisants; membraneux et réticulés seulement vers leur extrémité; ces organes courts chez les femelles, laissant à nu les trois derniers segments de l'abdomen; plus longs et plus larges chez les mâles, atteignant le bout de l'abdomen; le champ marginal très-étroit et parallèle, rabattu. La veine humérale simple jusqu'au bout, émettant quelques branchules costales; ailes à nervures presque hyalines, légèrement jaunâtres; veines costales scapulaires et stigma nuls; la veine humérale offrant seulement quelques branchules costales réticuleuses; l'aire vitrée entièrement réticulée; l'avant-dernier secteur discoïdal fourchu. Abdomen luisant, convexe en dessus et en dessous; à plaques anales arrondies. Filets anaux styliformes, courts.

Tête noirâtre, avec une bande transversale sur le front et une sur l'occiput, testacés. Antennes noirâtres. Joues, bouche et pattes, testacées, avec les tarses bruns en dessus; abdomen brunâtre en dessous, densément marqueté de brun et de testacé en dessus; le milieu des segments 3 et 4, testacé. Prothorax noir avec une bande arquée le long du bord antérieur et latéral et deux taches triangulaires au bord postérieur, jaunes-testacées (ou : prothorax jaune pâle avec un grand écusson noir trilobé en arrière); les bords finement bordés de noir. Élytres d'un brun foncé, avec la base autour de l'écusson, le bord externe et l'extrémité, d'un jaune testacé. Le milieu de la veine humérale peint de cette couleur.

Les ♂ diffèrent des ♀ par leur prothorax un peu plus tronqué (arrondi) aux angles latéro-postérieurs, par leurs styles anaux fort distincts, et par leur plaque sous-génitale tronquée ou sub-échancrée, sinuée à ses bords latéraux.

Longueur du corps, 0,023.

Nymphe. Offrant la même livrée que l'*imago;* bords du mésothorax et du métathorax passant au testacé, et au milieu de ces segments, une double tache de cette couleur.

Dans l'extension, les élytres paraissent hyalins avec une grande tache brune carrée sur l'élytre gauche, triangulaire sur le droit.

Habite : Le Pérou.

Fig. 35. *Proscratea Peruana*. Sauss. ♀ de grandeur naturelle.

2me Division. TRIBONIUM[1], Sauss. (*Zetobora*, Burm. Section A)[2].

Formes dilatées. Prothorax transversal, très-large; ses bords latéraux fortement dilatés en forme de lobes horizontaux et fortement bordés; les bords latéro-postérieurs sinués, subéchancrés. Antennes un peu moins longues que le corps. Élytres grands, très-amples, débordant notablement l'abdomen sur les côtés; leur marge fortement dilatée; le sillon anal arqué; les deux champs anaux pris ensemble, presque en forme de dé à coudre. Abdomen très-plat; ses bords, serratiformes; filets anaux médiocres. Plaque sur-anale des ♂ débordante; ♂ styles très-courts. (Insectes formant le Passage aux *Zetobora*.)

107. Proscratea conspersa, Guér. et Perch.

Fusca, capite antennarumque basi nigris; pronoto elytrisque pallide virescentibus, illo macula furcata nigra (vel medio fulvescente, signatura serrata M-formi et maculis 2 liberis fuscis); elytris fusco-conspersis, margine externo dilatato, arcuato, dein exciso; pronoto brevi et lato, lobis lateralibus rotundatis, marginibus latero-posticis sinuatis. — Longit. cum elytr. 0,027; elytra, 0,022.

Blatta conspersa, Guer. et Perch. Génér. des Ins. Pl. II. — Serv. Orthopt. 89.
Zetobora conspersa, Burm. Handb. II, 510. — Guér. Ins. de Cuba (l. l.), 339.

Chez cette espèce, l'angle basilaire des élytres forme une sorte d'apophyse recourbée en dehors; ces organes sont très-fortement veinés; la v. humérale se résout à l'extrémité en trois ou quatre branches; les deux v. discoïdales, après s'être écartées de la v. humérale, traversent le milieu du champ discoïdal en se ramifiant beaucoup, formant des bandes intervénulaires irrégulières, partagées par des veines intercalées et à réticulation carrée; la région voisine du champ anal offre au contraire une zone fortement réticuleuse, à mailles irrégulières et à veines épaissies. Les ailes incolores ont des nervures insensiblement jaunâtres; il existe quelques veines costales fines et onduleuses ; la v. humérale est fortement rameuse ; l'avant-dernier secteur discoïdal est fourchu.

Habite : Cuba. (Probablement importée du Brésil.)

[1] τριβώνιον, petit manteau. — Sauss. Revue de Zoologie, 1862, 232.

[2] Le caractère que Burmeister donne dans son tableau synoptique des genres (l. l., p. 482), l'élévation du bord du prothorax chez les *Zetobora*, ne convient pas à ce groupe.

LÉGION DES ZÉTOBORIENS

Prothorax à bords dilatés, offrant un capuchon complet.

Les Zétoboriens sont parmi les Blattes mutiques les correspondants des Monachodiens.

Dans ce groupe les larves ont une forme ovale aplatie, à bords fortement dilatés et lamelleux; le prothorax a son bord antérieur très-dilaté et souvent un peu réfléchi, et il dépasse toujours la tête; le capuchon est indiqué; la surface du corps est en général granuleuse. Le thorax est aussi large que l'abdomen; les segments de celui-ci ont leurs arceaux supérieurs beaucoup plus prolongés latéralement que les inférieurs, et les lobes latéraux se terminent d'une manière très-aiguë, ce qui rend les bords de l'abdomen dentelés. Les filets anaux sont petits chez les larves.

GENRE ZETOBORA, Burm.

ZETOBORA, Burm. (Section B).

Corps dilaté, souvent aplati.

Antennes fines, submoniliformes, moins longues que le corps.

Prothorax bossué, parabolique, en demi-cercle ou en losange, à bords dilatés; formant *un capuchon* distinct; le bord antérieur *dépassant la tête,* finement *réfléchi* en haut; le bord postérieur coupé en ligne droite d'une épaule à l'autre ou un peu arqué, souvent brisé aux épaules.

Élytres larges, à bord antérieur très-arqué, mais souvent excisé après le milieu.

Abdomen large, très-aplati, à bords dentés; filets anaux assez grands, aplatis; plaque sur-anale un peu débordante et échancrée; styles des mâles très-petits.

Dans ce genre, le prothorax est tantôt plat, tantôt élevé à sa partie postérieure; sa surface est alors inclinée et tombe d'arrière en avant; ce caractère s'exagère dans le groupe des ***Phortiœca*** où il prend la forme parabolique raccourcie; il devient alors très-bossué; le bord antérieur est retroussé, parfois lamelleux, mais toujours réfléchi en haut; il y a toujours *au-dessus de la tête un capuchon complet* et la surface est granuleuse. L'espace scutellaire est à nu, comme chez les ***Proscratea***. L'abdomen est large, aplati, à bords tranchants, plus ou moins serratiforme. Les élytres sont demi-coriacés, comme du parchemin, assez dilatés pour déborder les côtés de l'abdomen; leur marge est dilatée à la base, tronquée obliquement ou sinuée vers le bout. La vénulation est très-forte et rameuse. La veine scapulaire devient très-allongée et très-rameuse, comme cela ne se voit dans aucun autre genre de la tribu des ***Mutiques*** ou de celle des ***Épineux*** (mais seulement chez les *Nuditarses*); les veines costales sont aussi longues et rameuses; la veine humérale a ses branches très-fortes, ramifiées en longueur; c'est toujours une branche postérieure qui atteint l'extrémité de l'organe. La seconde veine discoïdale aussi se ramifie en longueur dès sa base. L'aile est grande; le champ antérieur est très-allongé et assez large.

Ce genre se distingue de tous les autres de cette tribu par son prothorax qui forme un capuchon céphalique complet, et dont le bord dépasse la tête. Ce dernier caractère commence chez les *Hormetica,* mais chez ceux-ci le capuchon manque.

1re Division, TRIBONIDIUM [1].

Formes larges. Prothorax plat, *en forme de demi-cercle parfait, son bord antérieur arrondi en demi-cercle, le postérieur droit, ou légèrement arqué; les angles postérieurs vifs. Le bord antérieur lamelleux, étendu horizontalement et finement réfléchi en haut; le disque offrant un capuchon céphalique faible, mais distinct.*

Antennes submoniliformes. Abdomen aplati, très-large, à bords membraneux, élargis et serratiformes; à plaque sur-anale, lamelleuse et bilo-

[1] τριβωνίδιον, petit manteau. — Sauss. Revue de Zoologie, 1862, 232.

bée. Filets anaux assez grands; chez les mâles des styles assez grands. Élytres très-amples, à marge très-dilatée, mais excisée obliquement à partir du milieu, de manière à en atténuer l'extrémité. Pattes courtes et grêles.

Les mâles ont le bord postérieur du prothorax un peu arqué.

Ce groupe forme, par l'aplatissement de son prothorax, transition aux *Proscratea* (division *Tribonium*).

108. Zetobora monastica, Sauss. (fig. 34).

Fulvo-fusca; depressa; capitis fusci fascia faciali fulva; pronoto deplanato, semicirculari, margine antico tenuissime reflexo, late pellucido, cucullo et pronoti dimidio postico, castaneis; abdominis margine testaceo; elytris castaneis, coriaceo-diaphanis, area scapulari cornea, reticulato-punctata; margine externo apice exciso, campo anali lineato-punctato.

Z. monastica, Sauss. Revue de Zoolog. XIV, 1862, 232.

Petit. Prothorax lamelleux et plat, quoique bossué; offrant une faible bosse servant de capuchon à la tête, un peu chiffonné et bossué plus en arrière, et marqué d'un petit enfoncement de chaque côté de la base du capuchon. Le bord antérieur formant un demi-cercle régulier, complet chez la ♀, incomplet chez le ♂; il est bordé et un peu réfléchi en haut. Le bord postérieur tronqué en ligne droite dans toute sa largeur, ou un peu arqué; la partie latérale qui déborde l'épaule, à peine un peu oblique chez la ♀, l'étant un peu plus chez le ♂; la surface densément ponctuée. Antennes moniliformes; le premier article très-long. Élytres très-larges, à réticulation très-saillante, atteignant à peine l'extrémité du corps chez les ♀; chez le ♂ la dépassant un peu; le bord externe fortement dilaté, obliquement excisé dans sa seconde moitié, ce qui fait qu'au repos les élytres se terminent en triangle: le champ marginal large; l'aire basilaire cornée, réticuleusement ponctuée; la veine scapulaire longue et rameuse; les veines costales presque simples; la veine humérale ramifiée seulement vers l'extrémité; le champ discoïdal réticulé par carrés d'une manière saillante; le champ anal arrondi, à veines axillaires simples, séparées par des lignes de ponctuations.

Couleur d'un brun testacé, avec les bords de l'abdomen testacés; élytres d'un brun-marron foncé; ailes brunies; prothorax ayant sa moitié postérieure et le capuchon du même brun-marron, et le reste d'un testacé transparent. Tête brune avec une bande rousse sur le front. Antennes....? à la base brunes, noirâtres en dessus.

Longueur du corps, 0,0155 ; — id. avec les élytres, 0,017 ; — id. du prothorax, 0,0055 ; — largeur du prothorax, 0,0085.

Un individu ♀ de taille plus petite a le prothorax plus fortement ponctué ; la couleur est feuille-morte ; le front n'a pas de bande colorée ; les antennes sont testacées, au moins deux fois annelées de noir ; les filets, noirâtres, avec le bout testacé. (Brésil ; Musée de Senkenberg.)

Habite : Le Brésil. (Musée de Genève. Donnée par M. Sordet.)

Fig. 34. Prothorax de la *Zetobora* (*Tribonidium monastica*), ♂, grossi.

2me Division, ZETOBORA.

Prothorax un peu incliné, un peu plus bossué, mais encore à bord antérieur dilaté, lamelleux et réfléchi en haut; le bord postérieur arqué, formant au milieu un angle obtus; ses extrémités en dehors des épaules fortement brisées, dirigées très-obliquement en avant et formant à la rencontre du bord antérieur des angles presque droits. (Le bord postérieur, pris dans son ensemble à cause de cela, souvent aussi arqué que l'antérieur.)

Élytres très-longs à marge peu excisée après le milieu, dépassant notablement le corps. Filets anaux assez longs. Formes assez grêles.

Z. GRANICOLLIS, Sauss. Mélanges Orthoptér. I, n° 33, fig. 21.

Le champ anal de l'élytre est réticulé. L'aile n'offre pas de veines costales, mais l'espace situé entre des deux veines scapulaires est doublement réticulé ; la v. humérale se ramifie déjà avant le milieu, et l'aire vitrée n'est réticulée que par des veines très-fines. — Type de la Nouvelle-Hollande.

3me Division, PHORTIŒCA [1].

Prothorax très-fortement incliné, à extrémité postérieure très-élevée; le bord antérieur court, fortement rebordé, point dilaté lamelleusement, mais recouvrant néanmoins entièrement la tête; sa surface fortement bossuée, offrant des saillies humérales; le bord postérieur très-large, coupé droit d'une épaule à l'autre; ses prolongements en dehors des épaules dirigés obliquement en avant, à la rencontre du bord antérieur.

[1] φορτία, ων, ballots de marchandises. — οἰκειν, habiter. — Sauss. Revue de Zool. 1862, 232.

Corps très-large et trapu. Plaque sur-anale cornée, terminée par un bord presque droit. Filets anaux assez grands. Élytres dépassant l'abdomen, mais larges, s'élargissant de la base à l'extrémité; à bord externe fortement arqué; les deux élytres se croisant beaucoup, en sorte qu'au repos elles paraissent atténuées à l'extrémité. La veine discoïdale de l'aile émettant souvent des branches antérieures. Pattes assez fortes et trapues; épines tibiales fortes.

109. Zetobora cicatricosa, Burm.

Fusca; pronoto latissimo crebre et profunde punctato utrinque subemarginato; limbo medio antico pallido. — Longit. 0,027.

Z. cicatricosa, Burm. Handb. II, 511. — Guér. Ins. de Cuba, (l. l.), 336, pl. 12, fig. 5.

Cette espèce est indiquée par M. Guérin-Méneville comme habitant l'île de Cuba. Sur la figure on voit distinctement que les lobes latéraux du prothorax sont angulaires, et que leur bord postérieur est bi-échancré. Le disque est bossué, et offre un capuchon distinct.

Les capsules des femelles sont composées d'une double rangée de loges alternes accolées les unes aux autres. J'en ai compté environ 16. La première et la dernière sont uniques. L'un des bords de la capsule est seul carénée.

110. Zetobora Peruana, Sauss. (fig. 33).

Fusco-nigra; pedibus pallidioribus; pronoto postice valde elevato, canthis humeralibus distinctis, supra granulato sed in cucullo tantum punctato, margine antico arcuato, subtrilobato, valde reflexo-marginato, medio testaceo; elytris corpore valde longioribus, latissimis, apice late oblique truncatis, supra apicem versus lævibus, basi fuscis, apice ferrugineis, campo marginali dilatato, basi deflexo; alis grisco-ferrugineis, margine fuscescente; v. discoïdali ramos 2 anticos emittente; abdomine lato, fulvo-marginato; lamina supra-anali late quadrata, margine medio subfisso.

Z. Peruana, Sauss. Revue de Zoolog. XIV, 1862, 233.

♀. Grande. Corps large. Premier article des antennes allongé. Palpes maxillaires à articles assez longs. Tête entièrement aplatie en devant, à vertex transversalement mince. Prothorax beaucoup plus large que long, très-incliné, bosselé; ses côtés fortement rabattus en dehors des épaules, et formant à cause de cela, de chaque côté, une arête mousse qui part de l'épaule, dirigée obliquement en dedans et parallèle au bord latéral. La surface du prothorax formant à son extrémité postérieure un petit replat étroit le long du bord postérieur, puis tombant obliquement en avant; offrant en arrière du milieu un faible enfoncement, d'où partent deux sillons sinués divergents qui vont gagner le bord antérieur en contournant un espace convexe en forme de cloche, qui forme le capuchon. En dedans de chacune des arêtes humérales, un petit enfoncement vague allongé. Bord antérieur parabolique, fortement relevé, ou plutôt bordé par un cordon élevé qui forme presque une lame. Bord postérieur n'étant presque pas bordé sur le dos, étendu en ligne droite d'une épaule à l'autre, avec une saillie insensible au milieu, s'inclinant un peu en avant en dehors des épaules pour former les bords latéro-postérieurs qui sont légèrement arqués, bordés, et forment à leur rencontre avec le bord antérieur un angle arrondi. — Le bord antérieur rentre légèrement aux deux points qui correspondent aux sillons et même au milieu, en sorte qu'il est insensiblement trilobé ou subquadrilobé. — Capuchon et bords ponctués; le reste de la surface semée de granulations régulièrement espacées. Espace scutellaire grand. Élytres grands, coriacés, lisses, devenant demi-membraneux vers l'extrémité, dépassant notablement l'abdomen, et arrondis quoique tronqués un peu obliquement; leur marge large et rabattue verticalement à la base; leur veine humérale formant une arête très-prononcée. Sillon anal arqué, dessinant un espace parabolique. Champ anal fortement réticulé, à nervures longitudinales seules saillantes; celles des autres champs toutes très-rameuses, même la première v. discoïdale; les bandes intervénulaires occupées chacune par deux lignes de petites mailles irrégulières. Ailes amples, offrant quelques veines costales peu nombreuses et fines; la côte un peu obscure, demi-coriacée, mais ne formant pas de stigma coloré; la v. humérale rameuse au bout; la bande située entre la v. scapulaire et la v. humérale réticulée par carrés; la bande vitrée antérieure doublement réticulée par de fortes veinules; la v. discoïdale très-épaisse, *émettant deux fortes branches antérieures*, et de nombreux secteurs postérieurs, dont plusieurs rameux. Abdomen très-large et très-plat, granuleux en dessus; les quatre pénultièmes segments élargis sur les côtés, terminées par des dents de scie arquées. Plaque sous-génitale sinuée sur les côtés, large et arrondie. Plaque sur-anale cornée, large, tronquée presque en ligne droite, subéchancrée au milieu, à angles carrés-arrondis, et ne dépassant la plaque sous-génitale que par ses bords. Filets anaux grêles, aplatis en dessus, obtus au bout, longs de 3^{mm}. Pattes très-robustes; épines tibiales très-grandes.

Corps noirâtre. Abdomen bordé de roux-testacé, ses dilatations latérales, le bord de la plaque sur-anale et des filets étant de cette couleur. Prothorax d'un brun noirâtre, le bord antérieur testacé, mais la couleur foncée ayant une forme trilobée et le bord devenant roux sur les côtés; élytres bruns à la base et sur la marge rabattue, devenant presque couleur d'ambre vers l'extrémité, quelquefois aussi sur le dos. Ailes d'un brun-ferrugineux grisâtre transparent; plus ferrugineuses vers le bout. Pattes brunes ou testacées.

Longueur du corps, 0,040; — id. avec les élytres, 0,047; — id. des élytres, 0,039; — id. du prothorax, 0,012; — largeur du prothorax, 0,018.

Larve. Tout le corps marbré de brun et de testacé, fortement granulé en dessus. Le prothorax encore fort peu bossué, en forme de demi-cercle; son bord postérieur droit, offrant seulement au milieu une petite saillie. Filets anaux courts, bastiformes; plaque sur-anale en carré large, à angles arrondis, avec une petite échancrure au milieu, et dépassant notablement la plaque sous-génitale.

Habite : Le Pérou.

Cet insecte a un peu le faciès d'une grande Neppe lorsque ses élytres sont au repos; ces organes se croisent assez pour que l'insecte se termine en pointe arrondie.

Fig. 33 *Zetobora Peruana*, Sauss. ♀. (Le prothorax est trop allongé; sa courbe antérieure est trop forte; ses bosselures ne sont pas parfaitement bien rendues.

111. Zetobora verrucosa, Sauss.

Præcedenti affinissima at minor, depressior, obscurior; pronoto ubique granoso-cribrato-punctato, lato et sat trigonali, margine antico fere V-formi arcuato; angulis lateralibus subacutis; elytris sat angustis, castaneis, subopacis, ubique elevato-reticulatis; alis hyalinis, ferrugineo-inquinatis, costæ fascia opaca flavida; area fenestrata antica simpliciter reticulata; vena discoidali ramulum anticum emittente.

Z. verrucosa, Sauss. Revue de Zoolog. XVI, 1864, 344, 57.

Voisine de la *P. Peruana*, mais moins grande et plus aplatie. Le prothorax est moins incliné, plus large et triangulaire; le bord antérieur est plus parabolique; les angles latéraux sont subaigus; la surface tout entière est couverte de grosses ponctuations granuleuses; le capuchon lui-même est granulé. Les élytres sont coriacés, notablement plus opaques, plus étroits et moins obtus au bout, terminés en forme de lobe arrondi plutôt que tronqués obliquement; les veines de ces organes sont plus élevées. Les ailes ont, le long de la côte, un long stigma opaque en forme de bande; les nervures sont moins fortes, la bande vitrée antérieure est simplement réticulée en carrés; la v. discoïdale fournit une seule branche antérieure, qui part d'un point situé entre l'origine de l'avant-dernier secteur postérieur et celui qui le précède; les secteurs postérieurs sont moins rameux; les 5 ou 6 dernières bandes discoïdales qui les séparent sont partagées par de fortes nervures intercalaires qui n'atteignent pas la base de ces bandes. Les filets anaux sont plus grêles; la plaque sur-anale un peu plus arrondie. Les tibias sont beaucoup moins fortement armés.

La couleur est plus foncée, les élytres sont d'un brun marron; les ailes sont au contraire hyalines ou lavées de gris-ferrugineux, avec l'extrémité ferrugineuse; les nervures sont ferrugineuses, et la bande opaque de la côte est orangée. En dessous, le tronc huméral de l'élytre est aussi sali d'orangé-blanchâtre.

Le ♂ est plus petit; il a le prothorax moins triangulaire et moins large que la ♀; son bord postérieur est plus arqué.

♀. Longueur du corps, 0,032; — id. de l'élytre, 0,029; — largeur du prothorax, 0,015.

Habite : L'Amérique méridionale.

112. Zetobora castanea, Sauss.

Præcedenti depressior, latior et staturæ minoris; pronoto castaneo, margine antico toto rotundato-arcuato, paulum reflexo, testaceo, angulis lateralibus subacutis, disco toto granulato; elytris abdomen parum superantibus, latis, pellucentibus, obscurius dense reticulatis, basi rufo-fuscis fascia humerali fusca; alis hyalinis, costæ fascia opaca albido-fulva, arcis fenestratis simpliciter reticulatis, vena discoidali ramulum nullum antice emittente.

Z. castanea, Sauss. Revue de Zoolog. XVI, 1864, 343, 56.

♀. Plus aplatie et plus dilatée encore que la *Z. cicatricosa* et notablement plus petite. Le prothorax plus large et plus court, à bord antérieur peu réfléchi et régulièrement arrondi, non pas arqué en forme de V comme chez l'espèce citée; les angles latéraux cependant assez aigus. La surface partout granulée, mais l'étant seulement faiblement sur le disque. Élytres larges, dépassant peu l'abdomen, demi-transparents, d'un brun-ferrugineux testacé, mais très-fortement réticulés par des nervures brunes-ferrugineuses; le champ anal seul opaque, brun-roux. Ailes hyalines; les bords un peu teintés de ferrugineux, mais le champ marginal occupé par une bande opaque jaune-blanchâtre. La v. discoïdale en dessous aussi colorée de cette couleur; les deux bandes vitrées et la bande huméro-scapulaire fortement réticulées en carrés par de grosses vénules incolores. La v. discoïdale n'émettant pas de branche antérieure.

Prothorax brun-marron foncé avec tout son bord antérieur testacé; élytres presque noisette à la base avec une bande humérale brunâtre, et à la face inférieure la saillie scapulaire blanchâtre.

Longueur du corps, 0,023; — id. avec les élytres, 0,025; — largeur du prothorax, 0,011.

Habite : Cayenne. — Cette espèce se rapproche par ses formes et sa vénulation de la division *Tribonium*, quoique le bord postérieur du prothorax brisé sur les côtés lui assigne sa place dans la division *Phortiœca*.

GENRE SCHIZOPILIA[1], (nob.)

Formes aplaties.

Prothorax transversal, subtriangulaire, à bord antérieur fortement réfléchi, mais non bordé, à angles latéraux aigus et bifides, à bord postérieur plus ou moins arqué.

Élytres très-amples, à marge extrêmement dilatée, à extrémité très-largement arrondie.

Ailes offrant un champ postérieur presque aussi long que l'antérieur; celui-ci comme tronqué et arrondi en demi-cercle au bout, ayant une forme symétrique[2].

Abdomen aplati, à bords dentelés. Plaque sur-anale bilobée; filets anaux grêles.

Pattes grêles; les tarses assez courts; leur premier article, de la longueur du quatrième.

Ces insectes sont, plus encore que les *Zetobora*, les correspondants des *Monachodiens* parmi les Mutiques. Leur prothorax est taillé comme chez les *Petasodes*, mais pour le reste il ressemble plutôt à celui des *Monastria*, le bord étant simplement réfléchi, le capuchon bombé, et les carènes humérales étant fortement prononcées; la surface est tuberculeuse. Les organes du vol rappellent ceux des *Monachoda* par leur forme et leur ampleur. Les élytres sont coriacés, à nervures très-nombreuses et très-fines; la v. humérale seule est très-grosse, et à la base elle partage l'élytre en deux parties égales; la réticulation est très-fine et très-serrée; le champ marginal est très-large, atténué mais non excisé vers le bout. L'aile aussi est très-finement et densément réticulée.

[1] σχίζειν, fendre; — πιλίον, petit chapeau. — Le prothorax ayant la figure d'un tricorne à angles fendus.

[2] C'est-à-dire que, si l'on partageait ce champ par un axe longitudinal, les deux moitiés seraient symétriques; l'extrémité est taillée comme si elle avait été tronquée perpendiculairement à l'axe longitudinal puis arrondie, contrairement à ce qui s'observe dans les autres genres, où le bord postérieur est plus arqué que le bord antérieur, ce qui a pour conséquence de rapprocher la pointe de l'aile du bord antérieur.

113. Schizopilia fissicollis, Serv.

♀. *Lata, depressa; pronoto transverso, ♀ subtrigonali, valde tuberculoso, margine antico reflexo, angulis utrinque acutis, profunde fissis; elytris latissimis, coriaceis, subopacis, margine antico ultra dimidium valde arcuatum; laminæ infra-analis margine medio leviter arcuato-producto; corpore testaceo, capite et pronoto nigrescentibus, hoc medio margine testaceo; elytris castaneis; alis hyalinis, venis ferrugineis, apice ferrugineo-castaneis.*

Blatta fissicollis, Serv. Orthopt. 85, 1, ♀.

♀. Tête petite, lisse; yeux médiocrement rapprochés; le vertex un peu cannelé entre ces organes. Prothorax transversal, presque en forme de losange tronqué en arrière; presque angulaire, réfléchi, mais non bordé, dessinant un fort canal; ses angles latéraux longuement bifides, partagés par une fente de 3^{mm} de profondeur et formant deux lobes aigus, légèrement arqués en arrière. Les carènes humérales très-prononcées, quoique mousses; la surface converte de petits tubercules aigus qui deviennent des granules sur le capuchon et sur le disque postérieur. Élytres cornés, dépassant assez notablement l'abdomen, très-larges et arrondis à l'extrémité; leur bord externe devenant très-arqué depuis le milieu; la v. humérale très-grosse et saillante; le champ marginal extrêmement large, formant beaucoup plus que le tiers de la largeur de l'élytre; sa base très-cornée, très-grossièrement réticuleusement ponctuée; toutes les v. costales rameuses; champ discoïdal très-finement et doublemetn réticulé, à secteurs très-nombreux et très-rameux. Ailes ayant la bande marginale subopaque, densément réticuleuse; tout le reste densément réticulé; l'aire vitrée l'étant par des veines épaisses; le bord terminal du champ antérieur taillé presque en demi-cercle. La plaque sous-génitale un peu prolongée au milieu en forme de lobe; la sur-anale grande et bilobée.

Corps testacé; tête noirâtre avec deux points ocellaires fauves; le milieu du bord antérieur devant le capuchon, testacé; élytres d'un brun marron; ailes transparentes, à nervures ferrugineuses, avec la marge et l'extrémité passant au testacé-opaque.

Longueur du corps, 0,036; — id. avec les élytres, 0,041.

Habite : La Guyane, Cayenne.

III. TRIBU DES NUDITARSES.

(**Nuditarsæ.**)

Tarses n'étant pas munis d'un lobule entre les griffes (pl. II, fig. 40). (Cuisses toujours mutiques.)

Cette tribu est remarquable plutôt par la grandeur de ses représentants que par la variété de leurs formes. Elle renferme les plus grandes Blattides connues, mais les espèces se groupent toutes autour d'un petit nombre de types, et ceux-ci sont circonscrits d'une manière frappante dans certaines régions de notre globe.

Cette tribu est surtout bien représentée en Amérique.

Tableau pour faciliter la détermination des genres.

1. Bord antérieur du prothorax échancré; plaque sur-anale entière, ne faisant pas saillie; corps un peu épais . . . . . . *Panesthiens*[1].
2. Bord antérieur du prothorax entier.
   A. Prothorax ne débordant pas beaucoup la tête, ne formant pas de capuchon, mais bien une petite voûte ouverte en avant et à laquelle participe le bord antérieur.
      a. Prothorax et élytres, lorsqu'ils existent, revêtus de poils; le prothorax au moins cilié sur ses bords. (Les deux sexes différents) . . . . *Polyphagiens*.
      b. Prothorax et élytres lorsqu'ils existent, glabres. . . . . *Blabériens*.
   B. Le bord antérieur du prothorax débordant de beaucoup la tête; le disque formant un capuchon complet en forme de calotte, placé en arrière du bord antérieur; celui-ci plus ou moins réfléchi . . . . *Monachodiens*.

[1] Ce type important est étranger à l'Amérique.

LÉGION DES POLYPHAGIENS

Corps cilié sur tout son pourtour. Mâles bien ailés; femelles souvent aptères ou mal ailées.

Les Polyphagiens sont, parmi les *Mutiques*, les analogues des *Corydiens*. Ils leur ressemblent par leur corps poilu et par la forme du champ anal des élytres des mâles, le sillon anal étant souvent brisé ou coudé au milieu. Chez les *Homeogamia* ♀ la forme du prothorax et des élytres rappelle beaucoup ces mêmes pièces chez les *Corydia*.

Parmi les *Épineux*, les *Polyphagiens* ont leurs correspondants sous une autre forme dans les *Perisphæria*, qui offrent une grande analogie avec les *Heterogamia*.

GENRE POLYPHAGA, Brullé.

POLYPHAGA, Brullé (1835). — HETEROGAMIA, Burm. (1838). — STYLOPYGA, ex parte, Fisch. W. (1833).

Tête assez petite, entièrement cachée sous le prothorax.

Antennes moins longues que le corps. Chaperon très-distinct, sa partie supérieure renflée en un gros bourrelet tranversal.

Thorax ayant ses bords ciliés; prothorax ne formant pas de capuchon.

Pattes longues et grêles chez les mâles, l'étant moins chez les femelles, à épines fines; tibias antérieurs très-courts; le premier article des tarses aussi long ou même plus long que les suivants pris ensemble.

Les deux sexes offrant des formes très-différentes : les mâles complétement ailés; les femelles complétement aptères ou incomplétement ailées. Chez les individus ailés, le prothorax et les élytres sont entièrement poilus et les ocelles distincts.

La tête offre des caractères très-remarquables dans ce genre. Les mâles ont de gros ocelles; les femelles ailées en possèdent aussi, quoique moins gros. Mais c'est surtout le chaperon qui offre ici une structure exceptionnelle; il est distinctement limité par un sillon ou canal très-net; sa partie supérieure forme un gros bourrelet transversal lisse, et fortement renflé, un peu partagé au milieu; le milieu et le bas du chaperon forment encore deux autres bourrelets moins saillants et séparés par de profonds sillons transversaux. Ces trois bourrelets sont très-prononcés chez les femelles aptères; le supérieur est seul très-renflé chez les individus ailés.

MALES. *Tête* petite, cachée sous le prothorax, offrant *deux gros ocelles.* Yeux rapprochés. Antennes un peu moins longues que le corps.

Prothorax en ellipse transversale, à bord postérieur plus arqué que l'antérieur, mais laissant néanmoins l'écusson à nu; le bord antérieur formant une petite voûte au-dessus de la tête. L'*écusson* nu, très-grand, n'étant pas recouvert par le prothorax, ni caché par les élytres au repos.

Abdomen très-court, large et aplati. L'avant-dernier segment ventral arqué en forme de V. Plaque sous-génitale transversale et tronquée; la sur-anale arrondie, débordante. Filets anaux grêles et assez courts; styles très-petits.

Élytres demi-membraneux, longs et amples, dépassant notablement l'abdomen et le débordant sur les côtés; leur marge fortement bordée; la veine scapulaire très-forte, longue et fort rameuse, émettant de nombreuses vénules costales. La v. humérale bifurquée dans le milieu. Le sillon anal prononcé, ayant une forme brisée, ce qui rend le champ anal très-court et lui donne, pour les deux élytres au repos, une forme pentagonale courte. Le champ discoïdal aplati et paraissant presque concave au repos; les secteurs discoïdaux arqués et très-obliques. Les vénules transversales nulles ou indistinctes.

Ailes ressemblant beaucoup aux élytres, très-grandes; le champ antérieur très-grand, large; le champ postérieur très-petit, relégué vers la base; son bord postérieur fortement arqué, dessinant une forte échancrure anale; les veines de ce champ, rameuses, en sorte qu'il se renverse presque sans se plisser. — Le champ marginal est très-étroit, membraneux, occupé par les deux branches de la v. scapulaire, souvent dénué de nervures costales scapulaires; il offre un vestige de stigma; les secteurs discoïdaux sont très-nombreux, et la v. vitrée se divise pour former des secteurs analogues. La v. humérale est arquée à sa base et sort très-distinctement de la v. scapulaire.

FEMELLES. Ou complétement aptères, mais ayant toujours le corps cilié sur son pourtour, ou munies d'élytres cornés, qui sont alors poilus comme le prothorax.

Ce genre se distingue facilement des autres de ce groupe par son prothorax poilu ou cilié. On est obligé de le diviser en deux sous-genres à cause de deux types qui se produisent chez les femelles, mais il ne convient pas d'ériger ces sous-genres en genres, vu la parfaite conformité des mâles [1].

Les *Polyphaga* sont parmi les Nuditarses ce qu'est le genre *Perisphæria* parmi les Épineux. En effet, dans le sous-genre *Heterogamia* les femelles sont parfaitement aptères, ont une forme très-voûtée et sont plus ou moins taillées pour se mettre en boule, comme le sont les *Perisphæria;* les *Perisphæria*, à leur tour, sont souvent poilues comme le sont les *Polyphaga*. Quant aux mâles, ils ressemblent beaucoup aussi à ceux des *Perisphæria*, au moins pour ce qui est de la vénulation alaire. Aussi pourrait-on confondre ces deux genres si l'on négligeait de tenir compte du caractère de tribu qui les distingue.

Sous-genre HETEROGAMIA, Burm. (Insectes du Vieux Monde.)

Dernier article des palpes maxillaires ♂ plus court que le précédent, peu ou pas renflé. — Femelles, aptères; mâles, complétement ailés.

[1] Cette identité des mâles montre une fois de plus que le caractère négatif de l'incomplet développement de certains types n'est pas important et qu'il forme un mauvais caractère de genre. Les arrêts de développement créent, il est vrai, des différences en apparence profondes entre certains Orthoptères en privant les uns de leurs élytres et en leur conservant des formes nymphoïdes plus ou moins avancées; mais on voit ici par les mâles que, si le développement pouvait s'effectuer, il en résulterait des formes très-analogues chez des types en apparence très-dissemblables. — Comp. page 39.

FEMELLES. *Toujours aptères, à corps suborbiculaire, voûté. Tête dépassant parfois un peu le prothorax; ocelles remplacés par des taches; les trois bourrelets du chaperon très-prononcés et séparés par de profonds sillons. Prothorax lisse et glabre, mais à bord fortement cilié, ainsi que le bord du reste du corps et le vertex. Abdomen en demi-cercle, aplati, à bords tranchants, un peu dentés; le pénultième segment dorsal terminé par un bord arqué, concave; le pénultième ventral presque en forme de V; la plaque sous-génitale simple. Filets anaux très-petits, grêles, pouvant se cacher sous la plaque sur-anale.*

MALES. *Bord antérieur du prothorax aussi arqué que le postérieur; bord postérieur tronqué d'une épaule à l'autre, ou à peine arqué. Champ anal des deux élytres au repos pris ensemble, transversal, plus large que long, pentagonal ou carré; nervures de ce champ, réticuleuses; celles du champ discoïdal très-obliques, dirigées vers le bord interne et sinuées ou arquées, à convexité tournée vers la base de l'élytre. Le champ discoïdal de l'élytre et de l'aile n'offrant pas de vénules transversales bien appréciables.*

Chez ce type, les élytres ont un champ marginal très-étroit, à bord arqué, et ensuite excisé, en sorte que ce champ s'arrête assez longtemps avant d'atteindre l'extrémité de l'organe. Les veines discoïdales sont très-fines, sinueuses et très-ramifiées; les secteurs sont, à cause de cela, très-nombreux; ils ont la tendance d'être arqués de manière que leur concavité regarde le bout de l'élytre, à l'inverse des autres genres, en sorte que le champ postérieur offre souvent, au repos, une surface un peu concave et cannelée; souvent les secteurs s'anastomosent les uns sur les autres. La base du champ discoïdal et toute la partie qui longe la v. humérale est irrégulièrement et densément réticulée; la réticulation est double : elle est formée d'abord par des veines longitudinales sinueuses qui forment un réseau allongé, puis par de petites mailles polygonales qui s'étendent beaucoup plus loin; la partie postérieure ne l'est pas du tout, les vénules transversales faisant défaut. Mais c'est la veine humérale qui est surtout singulière : elle se bifurque avant le milieu; ses deux branches restent parallèles et se rejoignent plus loin, pour se continuer jusqu'au bout de la côte; vers l'extrémité, elle émet en arrière de nombreux secteurs sinueux, obliques, faisant suite aux secteurs discoïdaux et encore plus transversaux. Le champ anal est très-réticulé; ses nervures longitudinales sont très-sinueuses; la base est tordue et les veines longitudinales s'y groupent deux par deux. Les ailes sont très-grandes, et elles ressemblent singulièrement aux élytres. Le champ marginal est très-étroit, le champ discoïdal très-large; la v. discoïdale émet une masse de secteurs sinueux, la plupart bifurqués dès la base, parfois croisés ou anastomosés, et très-obliques comme dans l'élytre; la v. humérale se résout également ici en branches qui s'anastomosent entre elles, et forment un réseau irrégulier; à l'extrémité elle émet en arrière, ainsi que la v. vitrée, de longues branches postérieures dirigées obliquement en arrière, faisant suite aux secteurs discoïdaux, exactement comme on l'observe dans l'élytre. La côte offre un stigma opaque allongé. Chez les ♀ la plaque sous-génitale est bombée au milieu, mais non fendue, biéchancrée, un peu comme brisée au bout, ou chiffonnée et excisée. Le pénultième segment ventral est en forme de V ouvert et arrondi.

Nymphes ♂. Elles ressemblent beaucoup aux femelles, mais elles sont moins bombées, granuleuses; la plaque sous-génitale est *petite*, aplatie, et on y découvre déjà les styles. Les angles du mésothorax et du métathorax sont prolongés en arrière[1], mais chez les larves il n'y a guère que la petitesse de la plaque sous-génitale qui permette de juger qu'on a affaire à un mâle non adulte et non à une femelle adulte.

1. Sillon anal arqué. Bord postérieur du prothorax moins arqué que l'antérieur.

P. Syriaca, Sauss. Revue de Zoologie, 1864, 346, 62. — Savigny, Descript. de l'Égypte, Orthopt. pl. ii, fig. 11, ♂; fig. 8, ♀. — Syrie, Égypte.

P. ursina, Burm. Handb. II, 489, 1. — Savigny, l. l. fig. 10, ♂; fig. 7, ♀. Égypte, Syrie.

[1] Voyez page 31.

2. Sillon anal brisé angulairement. Bord postérieur du prothorax plus arqué que l'antérieur.

P. ÆGYPTIACA. Linn. S. N. II, 687. — Fab. Ent. syst. II, 6, etc. — Savigny, Descript. de l'Égypte, Orthopt. pl. II, fig. 9, ♀; 12, ♂. — Égypte, Europe méridionale.

Sous-genre HOMEOGAMIA, Burm. (Insectes du Nouveau Monde).

Dernier article des palpes maxillaires fortement sécuriforme, aussi long que le précédent. — Les deux sexes ailés, mais chez les femelles, les élytres restant cornés et ne dépassant guère l'abdomen.

FEMELLES. *Corps un peu bombé; sa forme paraissant elliptique lorsque les élytres sont repliés. Tête cachée sous le prothorax; ocelles distincts. Prothorax large, voûté, à bord postérieur régulièrement arqué, à angles latéraux prononcés. Élytres durs et cornés, ponctués et poilus, à sillon anal presque oblitéré, seulement appréciable à l'extrémité, à nervures indiquées en relief. Plaque sous-génitale partagée transversalement par un sillon; sa seconde moitié fortement comprimée en forme de bec, carénée et fendue; filets anaux très-petits.*

MALES. *Prothorax ayant son bord postérieur plus fortement arqué que l'antérieur. Le champ anal des élytres moins raccourci que chez les* Heterogamia; *secteurs discoïdaux moins obliques, plus longitudinaux, arqués en sens contraire, à convexité tournée vers l'extrémité de l'élytre et vers la marge. Ailes ayant leurs veines plus longitudinales, et partout réticulées par de fines vénules transversales. Abdomen plus large et arrondi au bout; filets anaux un peu plus petits.*

Chez les *Homeogamia* ♀ la dureté des élytres et leur velouté rappellent un peu les *Corydia* (voyez p. 147). La forme subbivalve de la plaque sous-génitale est presque la même que chez les *Periplaneta*, les *Chalcolampra* et les *Euryzosteria*[1]. (Comp. p. 51, note, et 69).

Les élytres des ♂ ont leur marge fortement bordée, non excisée; le

[1] Revue de Zoologie, XVI, 1864, page 316.

champ marginal s'étend jusqu'au bout; il est large, dilaté, fortement bordé, et le bord est très-arqué dès la base; la veine scapulaire est fort ramifiée; les v. costales sont allongées; la v. humérale se bifurque vers le milieu et forme des branches longitudinales, sans réticulation; ces branches atteignent en ligne directe l'extrémité de l'élytre, mais n'envoient pas vers le bord interne des secteurs, comme chez les *Heterogamia*. La 1re v. discoïdale forme de nombreux secteurs arqués, à convexité tournée vers l'extrémité de l'organe et vers le bord antérieur, et bifurqués à diverses hauteurs; la 2me v. discoïdale contourne le champ anal et émet sur cet arc de nombreux secteurs analogues; au repos de l'élytre, le champ discoïdal forme un replat dorsal. Le champ discoïdal est réticulé par des vénules transversales régulières. Le champ anal est assez opaque, densément et irrégulièrement réticulé. L'aile a ses nervures rameuses, plus régulières et plus longitudinales; les secteurs discoïdaux sont peu arqués, et le sont en sens inverse de ceux des *Heterogamia*. Il n'existe sur la côte qu'un obscurcissement, mais pas de stigma opaque.

Nymphe ♂. La plaque sous-génitale qui porte les styles, est encore dépassée par la lame sous-anale fendue, qui, en général, se trouve cachée par la plaque sous-génitale. Le pénultième segment ventral est très-arqué.

114. POLYPHAGA (HOMEOGAMIA) MEXICANA, Burm. (fig. 36, 37).

Fusca, corpore ♂ pallidiore, pronoto dense cribrato et elytris, hirsuto-pilosis; elytris dilutioribus, pallide fusco-conspersis; ♂ abdomine longioribus, campo anali longitudine latitudine æquali; ♀ abdomini æqualibus, corneis, sulco anali vix perspicuo; tarsis testaceis.

H. Mexicana, Burm, Handb. II, 490, 3.

♂. Tête rugueuse, offrant au sommet du chaperon deux tubercules aplatis, lisses. Prothorax très-incliné, longuement velu, formant presque un carré transversal; son bord antérieur peu arqué, tronqué ou subéchancré au-dessus de la tête, où il forme une voûte distincte; le bord postérieur arqué, se continuant par un arrondissement régulier avec les bords latéro-postérieurs qui sont un peu obliques et qui forment avec l'antérieur un angle droit ou un peu obtus; les angles latéraux placés bien en avant du milieu de la longueur du prothorax; la surface, densément criblée, un peu bossuée à cause de sa voûte antérieure, offrant une sorte d'enfoncement en fer à cheval, et en outre un faisceau de sillons qui divergent en arrière. Élytres amples, dépassant le corps de plus de la longueur de l'abdomen; le bord latéral fortement dilaté et réfléchi, fortement bordé et velu, insensiblement subsinué au milieu de sa longueur, assez arqué à la base; l'angle basilaire point tronqué; les champs anaux des deux élytres réunis, formant un pentagone presque aussi long que large; le sillon anal assez oblique dans sa seconde moitié. Les secteurs discoïdaux devenant de plus en plus arqués de la base à l'extrémité (à l'inverse de ce qui s'observe chez les *Heterogamia*); les bandes intervénulaires partagées par des nervures intercalées un peu onduleuses, paraissant striées. Toute la surface laineuse, poilue. Ailes ayant leurs nervures longitudinales et assez droites; pas de v. costales; la marge membraneuse; la v. humérale formant plusieurs rameaux longitudinaux; la v. vitrée peu arquée vers le bout, formant 3-4 secteurs; les secteurs discoïdaux nombreux, peu arqués, quelques-uns bifurqués ou rameux. Plaque sous-génitale bordée, entière, subsinuée au milieu; plaque sur-anale un peu fendue au mileu; filets anaux courts; les styles très-fins.

Couleur d'un brun ferrugineux, avec le corps et les pattes testacés, prothorax et élytres densément revêtus de poils fauves; ceux-ci n'ayant que dans le champ anal la couleur du prothorax, plus pâles dans le reste de leur étendue, et semés de taches pâles transparentes. Ailes transparentes, avec les nervures et le bord antérieur, depuis le milieu, d'un jaune ferrugineux; cette couleur s'élargissant à l'endroit du stigma; le bord antérieur cilié.

Longueur du corps, 0,020; — id. avec les élytres, 0,034; — id. du prothorax, 0.011.

♀. Ne ressemblant point au mâle. L'insecte au repos ayant une forme régulièrement elliptique, avec le dos régulièrement bombé, rappelant la forme des *Corydia* ou des *Phoraspis*, Prothorax très-large, voûté, corné, point chiffonné, ayant ses deux bords régulièrement arqués, quoique l'antérieur le soit plus fortement que le postérieur; ces bords se rencontrent de chaque côté pour former un angle aigu, dentiforme, qui regarde un peu en arrière; sur le disque, presque les mêmes sillons que chez le ♂, mais pas d'enfoncement. Élytres de la longueur de l'abdomen, durs et cornés, ressemblant à deux valves, terminés en pointe arrondie; la surface, densément chagrinée; les nervures apparaissant comme des veines saillantes sur la masse cornée de l'élytre, et très-ramifiées. Sillon anal nul, seulement un peu indiqué vers le bord interne (postérieur) de l'élytre où il forme une ligne subtransparente. Écusson très-peu à découvert. Prothorax et élytres densément poilus, surtout sur les bords. Abdomen large; l'avant-dernier segment ventral très-arqué ; le dernier ayant sa seconde moitié fortement comprimée, carénée, terminée en forme de bec et fendue, figurant comme deux valves fermées; plaque sur-anale arrondie et fendue. Filets anaux grêles et courts.

Corps brun ou noirâtre ; tarses testacés. Prothorax et élytres bruns, ceux-ci marbrés de taches plus pâles.

Longueur du corps, 0,025 ; — id. du prothorax, 0,008 ; — largeur, 0,0125.

Habite : Le Mexique. Terres chaudes de la Cordilière orientale. La ♀ prise à Orizaba.

Pour le facies, le ♂ ressemble assez à celui de l'*H. Ægyptiaca*, mais son prothorax est plus long et moins large à proportion, l'écusson peu découvert, le champ anal des élytres notablement moins court, et les nervures du champ discoïdal sont arquées dans le sens opposé.

Fig. 36. La femelle, de grandeur naturelle. (Le premier article des tarses est un peu trop court.) — 36 *a*, extrémité du corps vue en dessous ; *e*, élytres ; *p*, plaque sur-anale ; *s*, plaque sous-génitale ; *v*, extrémité comprimée et fendue de la plaque sous-génitale.

Fig. 37. Le mâle, de grandeur naturelle.

115. *Polyphaga (Homeogamia) Brasiliana*, Sauss.

Castaneo-ferruginea, depressa, pronoto brevi ; thorace subtus flavido marginibus ferrugineo-fimbriatis, supra in marginibus testaceo vario ; corpore in segmentis dorsalibus medio flavo bimaculato, nec non abdominis utrinque macula flava ; lamina infra-genitali obtusangula, a lamina infra-anali fissa superata. — Subimago.

Nymphe ♂. Corps un peu voûté, suborbiculaire, finement striolé ou ponctué. Le premier article des antennes médiocrement long, assez gros ; le deuxième petit ; le troisième deux fois plus long. Prothorax large et court ; son bord antérieur à courbure obtuse, subangulaire au milieu ; les angles latéraux très-aigus ; le bord postérieur un peu arqué, subsinué avant les angles. Abdomen aplati, large, à bords faiblement dentés ; segments dorsaux 8,9 très-distincts, découverts ; le bord postérieur du 7me presque en demi-cercle; en dessous le pénultième segment petit, très-arqué ; ses deux extrémités presque cachées sous le précédent. Plaque sous-génitale ayant son bord postérieur en forme d'angle obtus ; ce bord fortement dépassé par la lame sous-anale fendue, laquelle est à son tour débordée par la plaque suranale ; celle-ci transversale, à bord postérieur presque droit, et un peu fendu ; la face supérieure cannelée au milieu. Styles anaux très-distincts. Pattes grêles, allongées ; épines tibiales longues et grêles.

Couleur d'un marron ferrugineux, presque testacée en dessous ; vertex, front et labre supérieur, offrant une bande brune; antennes ferrugineuses, plus foncées en dessus; bords du thorax ciliés de poils ferrugineux, et variés de testacé-jaunâtre; sur la ligne médiane chaque segment orné de deux points jaunes; ces points se continuant sur l'abdomen en devenant plus vagues; les segments abdominaux ornés en outre de chaque côté d'une marque jaune et d'un point brun; le thorax en dessous jaune-testacé.

Longueur du corps, 0,017; — largeur du prothorax, 0,0115; — id. de l'abdomen, 0,0145.

Habite : Le Brésil.

GENRE LATINDIA, Stål.

Voici comment l'auteur caractérise ce genre :

Corpus maxime depressum, oblongum, oculo arcuato obsolete brevissime subremote pilosulum. Caput vix prominulum. Oculi valde distantes. Prothorax deplanatus. Tegmina subparallela, distincte venosa, venis omnibus longitudinalibus et transversis sat elevatis, minus regularibus; venis ordinariis e sinu furcarum venarum longitudinalium principalium emissis deficientibus; linea impressa circa scutellum obsoleta. Femora distincte compressa, latiuscula, inermia. Tibiæ parce breviuscule spinosæ. Arolia nulla. Cerci longi, graciles. Præcedenti affine genus.

Le genre *Latindia* est encore fort peu connu; il n'est pas assez complétement caractérisé pour qu'il nous soit possible d'en indiquer les affinités. Il semble presque former parmi les Nuditarses un analogue des genres *Holocompsa* et voisins?

A en juger par la figure, le prothorax serait subcirculaire, presque aussi long que large, tronqué droit postérieurement; les pattes seraient courtes; le corps grêle; les élytres au repos pas plus larges que le prothorax; les antennes de la longueur du corps.

Les principaux caractères semblent en outre résider dans la tête à vertex très-large, qui dépasse le prothorax, dans les filets anaux allongés, dans le sillon anal des élytres peu distinct, et dans un champ anal triangulaire, aigu en arrière. On serait presque tenté de croire que le prothorax est velouté et cilié?

L. MAURELLA, Stal. Fregatten Eugenies Resa, 312, 35, tab. v, fig. 3.

♂. *Nigra, nitidula; lateribus pronoti fusco-subpellucidis discoque impressionibus irregularibus; tegminibus abdomen valde superantibus.* — Longit. 7 ½ millim. — Brasilia.

LÉGION DES BLABÉRIENS

Corps glabre. Prothorax elliptique, en général petit[1], *n'offrant jamais de capuchon. Élytres très-amples; premier article des antennes assez court. Tarses allongés, grêles; épines tibiales très-fortes.*

La plupart de ces insectes se distinguent facilement des MONACHODIENS à tous ces caractères, néanmoins on rencontre quelques espèces transitoires qui rendent les limites des deux groupes un peu vagues. C'est dans la présence ou l'absence de ce capuchon au prothorax que réside la principale différence qui sépare les Monachodiens et les Blabériens, et c'est ce caractère qui décide si une espèce doit figurer dans l'un ou dans l'autre de ces groupes.

Nous ne connaissons qu'un seul genre qui rentre dans cette légion.

GENRE BLABERA, Serv.

BLABERA, Serv. ex parte. — Burm.

Corps à formes aplaties, larges et trapues.

Tête assez grosse, peu ou pas saillante; yeux souvent très-rapprochés.

Antennes moins longues que le corps; leur premier article court.

Prothorax elliptique débordant peu ou pas la tête, ne formant pas de capuchon, mais terminé antérieurement par une petite voûte ouverte en avant.

Organes du vol très-développés; élytres en général très-dilatés à leur marge, en partie demi-membraneux, en partie coriacés.

[1] Chez les espèces à développement complet.

Pattes fortes; tibias fortement armés de longues épines; *tarses grêles et allongés, leur premier article long* (fig. 40).

Abdomen aplati, large, dilaté, surtout aux derniers segments. Plaque sur-anale très-grande chez les espèces à développement parfait; plus petite et cornée chez les espèces à développement incomplet. Filets anaux gros et assez courts; styles des mâles distincts.

Ces insectes sont remarquables par leur grandeur et par l'ampleur de leurs élytres. Le prothorax est aplati, parfois un peu voûté, à bords latéraux dilatés; le disque offre souvent une bosselure en forme de lyre large (*Thunbergii, fumigata*, etc.), mais il est aussi souvent lisse; toutefois le dessin en forme de lyre subsiste virtuellement, et la tache brune du prothorax le remplit plus ou moins, d'où il résulte souvent un écusson arrondi en arrière, tronqué et plus large en avant[1].

Les élytres ont souvent leur champ marginal fort large et en grande partie corné; dans ce cas il n'y a guère que les dernières veines costales qui en atteignent le bord, car l'aire basilaire ou scapulaire cornée se prolonge jusqu'aux deux tiers ou aux trois quarts de la longueur de l'organe; elle est dessinée par un fort sillon en gouttière arqué qui se perd à l'extrémité sans atteindre le bord de la marge. Les secteurs discoïdaux sont très-nombreux, et il arrive souvent qu'ils s'entrecroisent; le champ postérieur est densément doublement réticulé; le champ anal est corné, et ses veines sont peu saillantes. Les ailes (fig. 4) ont leur champ antérieur assez étroit, le postérieur allongé; elles sont partout régulièrement doublement réticulées, sauf dans la bande vitrée postérieure, qui n'offre pas de vénules transversales. Les veines longitudinales sont nombreuses et nullement sinueuses, pas plus qu'à l'élytre; la marge est étroite, à peu près dénuée de veines costales scapulaires et de stigma. La plaque sur-anale est très-grande, toujours fendue au milieu, elle est demi-membraneuse et bilobée chez les individus ailés;

[1] Voyez à ce sujet p. 12-13. Souvent cependant la tache dépasse les limites de la lyre et devient alors carrée ou triangulaire; elle prend ainsi des formes variées, surtout en se fondant avec le bord postérieur. Sa forme n'a donc pas grande importance.

plus courte, cornée et à bord moins prolongé chez les individus à ailes atrophiées.

Les *Blabera* passent par degrés aux *Monachoda*, mais elles s'en distinguent par leur prothorax en général petit, toujours *dénué de capuchon*, par leurs tibias fortement armés, leurs tarses grêles et par l'ampleur de leurs élytres qui, pris ensemble, sont sensiblement plus larges que le prothorax.

Plusieurs espèces n'atteignent pas leur complet développement; elles restent plus ou moins larviformes, et ont un faciès bien différent de celles qui ont servi à définir le genre; toutefois les caractères ci-dessus énoncés se retrouvent chez elles, à l'exception de celui de la grandeur des organes du vol. Les larves mêmes sont faciles à distinguer à leur grandeur, à leur forme voûtée, à leur prothorax demi-circulaire, voûté surtout au-dessus de la tête, mais dénué de capuchon; à leurs tibias armés de longues épines et aux bords du corps, qui ne sont pas lamelleusement dilatés comme chez celles des Monachodiens. La surface de leur corps est ruguleuse, ponctuée; le prothorax n'offre pas de stries rayonnantes. Ce genre renferme avec le suivant les plus grandes espèces de la famille; ses représentants ont des habitudes sylvestres; ils habitent les forêts et non les magasins, c'est pourquoi ils ne se répandent pas comme ceux de plusieurs autres genres par les effets du commerce dans les divers continents de notre globe.

1re Division. *Prothorax de grandeur moyenne, du moins lorsqu'il est normalement développé[1], plus ou moins elliptique et à bords peu dilatés. Tarses grêles.*

1. Insectes à développement complet dans les deux sexes, ayant les organes du vol normalement développés, dépassant l'abdomen. Formes aplaties, larges. Prothorax elliptique, notablement moins large que les élytres au repos pris ensemble. Plaque suranale membraneuse, bilobée.

Les espèces qui rentrent dans cette division ont le bord externe des élytres très-dilaté, en sorte que ce bord décrit dès la base une forte

[1] Voyez page 14 et 16.

courbe. Le prothorax a la forme d'une ellipse parfaitement régulière chez les espèces où les organes du vol atteignent un grand développement; il est un peu atténué en avant, tendant vers la forme de triangle arrondi chez les espèces à ailes moins grandes. Les mâles ont des formes un peu moins larges que les femelles; leur prothorax est plus circulaire, sa largeur étant proportionnellement moins grande par rapport à sa longueur.

Cette section renferme des espèces à formes très-voisines les unes des autres, et qu'il est presque impossible de faire distinguer par des descriptions.

116. Blabera Atropos, Stoll.

Fusco-nigra, corpore testaceo-maculato; pronoto perfecte elliptico, testaceo; disci macula nigra punctis 6 craniiformibus rufis; elytris fusco-nigris, macula anali et fascia marginis, testaceis vel albidis. — Variat elytris vix testaceo ornatis, vel macula basali nulla, vel omnino pallidis.

Blabera Atropos, Stoll. Kakerl. Pl. II *d*, fig. 8. — Serv. Orthopt. 77, 3 (var.). — Guér. ! Ins. de Cuba (l. l.), 333.
Bl. craniifera, Burm. Handb. II, 516, 3.
Bl. varians, Serv. l. l. 78, 4.
Bl. luctuosa, Stal, Kongl. Vetensk. Akad. Verhandl. 1855, 351, 1.

De même grandeur que la *Bl. Mexicana*, mais moins svelte; prothorax un peu plus transversal, très-régulièrement elliptique; élytres un peu moins croisés, plus larges au bout, dépassant l'abdomen d'une quantité moins grande que chez l'espèce citée; le sillon anal un peu plus arqué, le bord interne du champ anal égal à moins du tiers de la longueur de l'élytre. La première veine axillaire de l'aile deux fois bifurquée; sa première bifurcation se trouvant avant le milieu de la longueur de la nervure, mais près de la deuxième qui occupe le milieu; cette seconde bifurcation se faisant sur la branche *postérieure*.

Couleur brun-foncé; le corps en dessous marbré de testacé. Prothorax testacé-jaune avec une grande tache carrée, ou un écusson quadrilobé en avant, arrondi au contact du bord postérieur; sur cette tache, cinq marques rousses figurant une tête de mort (savoir deux points en avant figurant les yeux; une ligne médiane, le nez, et plus en arrière, trois taches ou un fer à cheval représentent la mâchoire). Élytres d'un brun noirâtre; une tache scutellaire jaune ou blanchâtre à la base sur le champ anal, et la marge qui dépasse le corps en tout ou en partie de cette même couleur. Souvent les taches dorsales envahissant presque tout le champ anal de l'élytre; souvent aussi la marge n'offrant qu'une grande tache jaune basilaire. Au delà du milieu de l'élytre, souvent un nuage plus clair que le reste. Ailes brunes dans le champ antérieur, transparentes, à peine enfumées dans le postérieur, mais à nervures brunes.

Var. a. La tache brune prothoracique n'offrant pas d'ornements roux. La marge de l'élytre entièrement jaune-testacée ou pâle. (*Bl. Atropos*, Serv.)

b. Marge brune avec deux taches testacées à la base. (*Bl. varians*, Serv.)

c. Les taches du champ anal des élytres formant un grand carré testacé, et au milieu de l'élytre, une tache pâle.

d. Souvent le testacé dominant dans le bariolé ventral, surtout chez les mâles.

e. Élytres assez pâles, avec deux bandes humérales brunes arquées.

f. Tache dorsale des élytres presque nulle. La marge entièrement bordée de testacé. Tache prothoracique sans moucheté roux. — Longueur avec les élytres, 69 millim.

	♀	♂
Longueur du corps.	0,050	0,047
Longueur du corps avec les élytres	0,059	0,059
Longueur du prothorax.	0,0145	0,0132
Largeur du prothorax	0,022	0,0182
Rapport entre la longueur et la largeur du prothorax.	♀=100 : 148.	
	♂=100 : 136-128.	

Habite : Les Antilles, Cuba, et la côte chaude du Mexique.

Cette espèce se reconnaît facilement à sa couleur noirâtre sur laquelle la couleur jaunâtre des taches est très-tranchée. Chez la ♀, le prothorax est légèrement plus large que chez la *Bl. Mexicana*, mais chez le ♂ il est plutôt moins large que dans cette espèce; il existe par conséquent une assez grande différence quant au prothorax entre les deux sexes, celui du mâle étant notablement plus petit.

Obs. Les quatre caractères invoqués par Serville, p. 78, pour distinguer les sexes sont tous erronés. Les mâles que décrit l'auteur appartenaient à une autre variété que ses femelles, et les différences de couleur qu'il indique comme caractéristiques des sexes se rencontrent aussi bien chez la ♀ que chez le ♂; ils ne peuvent nullement servir à distinguer les sexes.

117. Blabera Mexicana, Sauss.

Fusco-testacea, corpore fusco, testaceo-maculato; pronoto perfecte elliptico, macula disci quadrata, frequenter punctis rufis 3 vel 4 notata; elytris basi et in campo marginali testaceis, fascia humerali utrinque nigra et umbra transversa media, inquinatis, dein fuscescentibus et iterum apicem versus pallentibus.

Prothorax régulièrement ovale, n'étant pas légèrement tronqué au milieu du bord antérieur comme chez la *Bl. gigantea* et moins large à proportion. Élytres très-longs, comme chez l'espèce citée, dépassant le corps du tiers de sa longueur.

Couleur brune; abdomen taché de testacé. Prothorax testacé, orné d'une grande tache carrée noirâtre qui atteint le bord postérieur, et souvent marqué de trois ou quatre points roux. Élytres testacés sur le dos et à leur champ marginal, ou roussâtres, mais portant deux bandes axillaires noirâtres qui s'étalent en s'infléchissant sur le champ postérieur de l'élytre pour gagner leur bord interne (postérieur) en formant une large bande oblique, en arrière de laquelle est une teinte testacée-pâle; au delà du milieu, un nuage brun faisant suite à la tache pâle, et se fondant jusqu'au bout de l'élytre. Le bord interne du champ anal moindre que le tiers de la longueur totale de l'élytre. (Il en est de même chez la *Bl. gigantea.*) Ailes pâles. La première veine axillaire trifurquée, comme chez la *Bl. Atropos*, mais la première bifurcation placée très-près de la base de l'aile; la deuxième bifurcation, au milieu de sa longueur, ou même au delà, et se faisant sur la branche *antérieure*, à l'inverse de ce qui s'observe chez l'espèce citée.

Var. a. Chez les individus les moins colorés, les lignes axillaires forment des bandes brunes arquées, et le reste de l'élytre porte un nuage brun avec teinte plus pâle au milieu. — *b.* Chez d'autres, la ligne noire axillaire est interrompue, et il existe alors une bande brunâtre transversale libre. — *c.* Chez d'autres, on ne voit que les deux lignes brunes axillaires, longitudinales et étroites.

Longueur du corps, 0,062; — id. avec les élytres, 0,072; — id. du prothorax, 0,0155; largeur du prothorax, 0,022.

Rapport entre la longueur et la largeur du prothorax . . . { ♀ = 100 : 145
♂ = 100 : 137 }

Habite : Les parties chaudes du Mexique. Commune dans la Cordillère orientale. Tampico, Tuxpan, Cordoba, etc. Nous possédons aussi un individu pris à la Nouvelle-Orléans.

La larve est brune, marbrée sur tout le corps; son prothorax est plus voûté que celui de la *Bl. gigantea*, et le bord antérieur de cette pièce est légèrement plus angulaire au milieu.

Cette Blabère a la même coloration que la *Bl. gigantea*, quoique plus foncée, et je l'avais d'abord confondue avec cette dernière. Mais ayant pu comparer un grand nombre d'individus, j'ai trouvé qu'elle en diffère :

1° Par sa plus petite taille, car la *Bl. gigantea* de Cayenne ou du Brésil mesure 0,070 (2″6‴), donc bien plus que ne dit Burmeister.

2° Et surtout par la forme différente du prothorax, qui est moins large[1], moins sinuée à son bord postérieur et plus convexe en avant, n'offrant pas ce vestige de troncature qu'on remarque au milieu du bord antérieur chez la *Bl. gigantea*. Ces différences sont très-appréciables à l'œil.

Le prothorax est bossué comme chez la *Bl. gigantea*, et la tache carrée atteint le bord postérieur, mais ce caractère, invoqué par Serville, est sans importance. Chez la *Bl. gigantea*, cette tache est tantôt plus grande et plus carrée, atteignant le bord postérieur, tantôt isolée et en forme d'écusson héraldique.

118. Blabera gigantea, Linn.

Bl. Mexicanæ *simillima at major. Maxima, testacea, fusco varia, pronoti perfecte elliptici macula subquadrata nigra cum margine fusco confusa, elytris umbra fusca media; alis diaphanis.* — Longit. 0,070. — *Variat macula scutelliformi pronoti libera, marginem posticum haud attingente.* (Bl. colossea Illig.)

Blatta gigantea, Linn. Mus. L. Ulr. 106, 1. — Fabr. Ent. syst. II, 6, 1. — Stoll. Kakerl, pl. I, fig. 1, 2. — Serv. Orthopt. 75, 1 (*Blabera*). — Burm. Handb. II, 517, 5.
Blatta colossea, Illg. Magaz. I, 186. 16. — Burm. Handb. II, 517, 4. (*Blabera*).

Longueur du corps sans les élytres, 0,067; — id. en comptant les élytres, 0,090; — id. du prothorax, 0,018; — largeur du prothorax, 0,0265.

Habite : L'Amérique méridionale, Brésil, Guyanne.

119. Blabera Cubensis, Sauss.

Bl. Mexicanæ *simillima at valde minor; oculis magis remotis, elytris ♀ abdomen parum superantibus, margine arcuatiore; pronoto paulo minus elliptico, antice paulo arcuatiore, postice minus arcuato, macula fusca trapezoidali; alarum venis fuscis et campo antico subferruginescente, margine antico obscuriore.*

Bl. Cubensis, Sauss. Revue de Zoolog. XVI, 1864, 347, 65.

Espèce de taille moyenne. Couleur et faciès comme chez la *Bl. Mexicana*, mais la couleur brune s'étendant sur la totalité de la partie postérieure du champ discoïdal de l'élytre; la tache pâle en arrière du milieu de cet organe, à peine sensible; yeux presque

[1] Le rapport de la longueur à la largeur du prothorax est :
Chez la *Bl. Mexicana* = 100 : 140 ou 145.
Chez la *Bl. gigantea* = 100 : 148 ou 150.

deux fois plus distants l'un de l'autre, peu ou pas saillants au sommet; la bande qui les sépare au vertex ne s'élargissant pas en haut comme chez la *Mexicana*. Prothorax légèrement moins elliptique, plus triangulaire; le bord postérieur étant sensiblement moins arqué d'une épaule à l'autre, et l'antérieur un peu plus fortement bordé; les lobes latéraux du prothorax plus rabattus. Tache du prothorax en trapèze, élargie en avant, rétrécie en arrière, atteignant le bord postérieur; celui-ci n'étant pas bordé de brun. Pas de taches rousses dans la tache brune. Élytres dépassant peu l'abdomen, surtout chez la ♀; plus arrondis à l'extrémité que chez l'espèce citée, plus ovoïde, à bord antérieur sensiblement plus arqué, surtout chez la ♀. La v. scapulaire ♀ dépassant notablement le milieu du bord antérieur, ♂ l'atteignant; la v. humérale ♀ souvent trifurquée après le milieu; les secteurs discoïdaux moins nombreux que chez l'espèce citée. Ailes transparentes, à secteurs discoïdaux beaucoup moins nombreux, à aire vitrée ♀ non réticulée jusqu'au delà du milieu; (le champ antérieur parfois lavé de ferrugineux-pâle); les nervures d'un brun ferrugineux, à la base et sur la côte, fauves-pâles. Les organes du vol du ♂ plus longs et se rapprochant plus de ceux de la *Bl. Mexicana* que ceux de la ♀, dépassant l'abdomen de 4 à 5 millim.; ailes transparentes à nervures ferrugineuses ou brunes-ferrugineuses.

	♀	♂
Longueur du corps.	0,044	0,045
Longueur du corps avec les élytres.	0,047	0,051
Longueur de l'élytre	0,038	0,043
Largeur du prothorax.	0,018	0,0165

Habite : Les Antilles, Cuba.

Cette espèce se distingue de la *Bl. Sulzerii* par ses élytres qui dépassent beaucoup moins l'abdomen et par son prothorax notablement plus elliptique; de la *Bl. Mexicana* par ses élytres courts, sa petite taille et les autres caractères indiqués.

Le prothorax est encore presque régulièrement elliptique; il faut un œil exercé pour y reconnaître la tendance vers la forme trapézoïdale.

120. Blabera Brasiliana, Sauss.

Fusco-testacea; Bl. Cubensi *affinissima, at pronoto magis subtrapezoïdali; oculis minus remotis; alis hyalinis.*

Bl. Brasiliana, Sauss. Revue de Zoolog. XVI, 1864, 347, 65.

♂. Très-voisine de la *Bl. Cubensis*, mais un peu moins grande, trois fois plus petite que la *Bl. gigantea*, et deux fois moins grande que la *Bl. Mexicana*. Le prothorax légèrement trapézoïdal, offrant presque des bords latéro-postérieurs; du reste taillé comme chez la *Cubensis*, sauf que le bord antérieur est un peu tronqué en dessus de la tête, et que le postérieur, sans être plus arqué, est un peu plus angulaire au milieu. Yeux rapprochés comme chez la *gigantea* et la *Mexicana* et un peu saillants (convexes) au sommet; la petite bande interoculaire non élargie vers le haut, mais un peu rétrécie par un double sinus vers le bas. Élytres dépassant l'abdomen un peu moins que chez la *Cubensis;* de couleur moins foncée, presque testacée, n'ayant de brun qu'une bande humérale; la v. scapulaire très-rameuse et très-prolongée (bien au delà du milieu); la v. humérale régulièrement ramifiée en branches nombreuses. Aile transparente, avec ses nervures ferrugineuses; l'aire vitrée très-indistinctement réticulée. (La tache du prothorax arrondie en arrière, carrée en avant, n'atteignant pas le bord postérieur.)

Longueur du corps, 0,037; — id. avec les élytres, 0,047; — largeur du prothorax, 0,0155.

Habite : Le Brésil.

121. Blabera minor, Sauss.

Minor, fusco et testaceo varia, elytris ♀ abdominis longitudine, ♂ longioribus, margine antico arcuato, fusco-testaceis, apice fuscescentibus; alarum campo antico profunde fusco, campo postico subfumigato, venis fuscis, pronoto late elliptico, macula quadrata fusca et guttis aliquot rufis.

Bl. minor, Sauss. Revue de Zoolog. XVI, 1864, 347, 67.

♀. De la grandeur de la *Bl. Claraziana*, mais plus large et trapue. Prothorax régulièrement elliptique, large et court, bordé. Yeux écartés; la bande interoculaire légèrement élargie vers le bas. Élytres arrondis, atteignant l'extrémité de l'abdomen, assez coriacés. Le champ marginal assez étroit pour le genre; la veine scapulaire atteignant un peu au delà du milieu du bord antérieur, lequel est assez arqué, point excisé : l'aire scapulaire assez étroite; la v. humérale se résolvant en branches très-nombreuses souvent avant le milieu. Le champ discoïdal lisse, luisant, à réticulation très-dense et très-nettement prononcée par transparence, les vénules étant colorées en brun. Ailes ayant ses veines très-fortes, à réticulation dense et colorée; la bande vitrée antérieure doublement réticulée, la postérieure réticulée seulement au bout; la v. discoïdale émettant souvent un secteur antérieur.

Corps brun-marron, varié de testacé; prothorax testacé avec une grande tache brune en forme d'écusson héraldique ou à contours déchirés, souvent orné d'une ligne et de 2 ou 4 taches rousses. Élytres bruns-marron avec la marge scapulaire testacée-pâle;

la ligne humérale brune-foncée, la base et l'extrémité du bord antérieur, seuls un peu ferrugineux ou testacés. Ailes d'un brun foncé dans le champ antérieur, avec une ligne transparente dans l'aire vitrée; lavées de brun dans le champ postérieur; toutes les nervures brunes.

	♀	♂
Longueur du corps	0,036	0,034
Longueur de l'élytre	0,031	0,035
Largeur du prothorax	0,....	0,014

♂. Prothorax plus régulièrement elliptique; organes du vol plus allongés et plus étroits, dépassant sensiblement l'abdomen. Plaque sur-anale assez petite, demi-cornée, se rétrécissant un peu en arrière et bilobée; ses deux lobes arrondis.

Habite : L'Amérique méridionale, le Brésil (Cuba ?).

Cette espèce est facile à distinguer à sa petite taille et à ses ailes d'un brun si foncé dans le champ antérieur que celui-ci cesse souvent d'être transparent. Cette livrée rappelle celle de la *Bl. Atropos*, mais ici l'aire scapulaire de l'élytre se termine en pointe vers le milieu du bord, en sorte que toutes les veines costales peuvent atteindre ce bord.

La *Bl. minor* diffère de la *Bl. Sulzeri* par son prothorax elliptique, non trapézoïdal. Par ses formes elle rappelle surtout les *Bl. Cubensis* et *Brasiliana*, dont elle s'éloigne par ses ailes brunes, par l'aire scapulaire de l'élytre plus courte et plus étroite, etc. Enfin elle s'éloigne de la *Bl. Clarasiana* ♂ par ses élytres à champ marginal beaucoup plus large et non excisé après le milieu, à champ anal arrondi comme chez les *Bl. Atropos* et voisins, et non prolongé en pointe aiguë, le sillon restant arqué jusqu'au bout; par le champ antérieur des ailes, qui est beaucoup plus foncé; par son prothorax plus elliptique, etc.

122. Blabera Sulzerii, Guér. (fig. 39).

Media, testacea, corpore fusco-maculato; pronoto valde trapezoïdali, in lateribus oblique truncato, macula nigra disci trigonali, postice cum limbo marginali nigro confluente et guttulis 6 ferrugineis notata; elytris testaceis, latis, linea humerali fusca; vena scapulari ♀ marginem medium attingente; v. costalibus ad marginem perductis.

Blatta Surinamensis, Sulzer Abgek. Gesch. der Ins. 77, tab. VIII, fig. 1.
Blabera Sulzeri, Guérin-Ménev.! Ins. de Cuba (l. l.), 334.

Cette espèce se distingue par les caractères suivants : Taille moyenne. Prothorax n'étant pas régulièrement elliptique; ses côtés tronqués un peu obliquement en arrière, ce qui fait que son plus grand diamètre est placé au tiers antérieur et non au milieu; cette pièce rétrécie en arrière, ayant une forme trapezoïdale; le bord antérieur peu arqué, large; les bords latéro-postérieurs grands, un peu convergents en arrière; le pourtour du prothorax partout très-fortement bordé, excepté au-dessus de la tête, où il l'est faiblement; la surface voûtée; les bords latéraux assez rabattus, ce qui donne au disque une forme triangulaire. La tache noire formant un triangle dont la pointe, dirigée en arrière, se confond avec une bande de même couleur qui borde le bord postérieur. Élytres ayant leur bord externe bien arqué, et se croisant beaucoup; l'ellipse formé par ces organes au repos plus large et moins allongé à proportion que chez la *Bl. Mexicana;* la partie cornée de leur marge distinctement ponctuée. La vénulation tout analogue à celle de la *Mexicana*, si ce n'est que la v. scapulaire atteint le milieu de la côte, qu'elle est plus arquée et que ses branches, ainsi que les veines costales, s'étendent jusqu'à l'extrême bord; la bande antérieure de l'aire vitrée de l'aile, très-indistinctement réticulée, la bande postérieure ne l'étant pas. Ailes transparentes à veines testacées.

Corps testacé, maculé de brun. Les six taches de l'écusson noir du prothorax un peu allongées en forme de larmes ou de losanges; les quatre postérieures formant une sorte de croix de Malte; élytres ferrugineux, avec une ligne brune sur la veine humérale.

Longueur du corps, 0,045; — id. avec les élytres, 0,0.1; — id. du prothorax, 0,0116; — largeur du dit, 0,017.

Habite : L'île de Cuba. (Le type de M. Guérin-Méneville est au musée de Genève.)

Cette espèce est surtout caractérisée par la forme de son prothorax tronqué sur les côtés, de manière à offrir quatre bords.

Fig. 39. Prothorax de la *Blabera Sulzerii* ♀. (Il n'a pas une forme assez trapézoïdale.)

Sont encore indiquées comme vivant aussi au Mexique et aux Antilles les deux espèces suivantes :

123. Blabera Trapezoidea, Burm.

Testacea, corpore fusco; pronoti macula media fusca, antice latiore truncata, postice rotundata. — Longit. corp. 1 ½".

Bl. trapezoidea, Burm. Handbuch, II, 516, 1.

Peut-être la même espèce que la *Bl. discoïdalis* Serv., dont le caractère est d'avoir une tache libre sur le prothorax (caractère presque sans valeur), et d'avoir aux élytres une bande humérale brune bifurquée qui atteint la marge de ces organes.

Habite : Le Mexique.

La diagnose de la *Bl. trapezoïdea* de Burm. pourrait se rapporter à la *Mexicana*, à la

Sulzeri, à la *Cubensis*. Suivant la mesure donnée par Burm., cette espèce serait de la taille de la *Cubensis*, mais les mesures que donne cet auteur sont, en général, trop petites. Il ne donne, par exemple, à la *Bl. gigantea* que 1 $^3/_4$″, et à la *Bl. Atropos* (*craniifera*) que 1 $^1/_2$″, ce qui est beaucoup trop peu. La *Bl. trapezoïdea* serait, suivant ces mesures, de la même grandeur que les *Bl. Mexicana* et *Atropos*.

124. Blabera ferruginea, Stoll.

Testacea, corpore fusco; pronoti limbo rufescente, macula media toti ambitui concentrica nigra. — Longit. corp. 1 $^1/_2$″.

Blatta ferruginea, Stoll. Kakerl. tab. II *d*, fig. 9.
Blabera limbata, Burm. Handbuch, II, 516, 2.

Burmeister dit que cette espèce diffère de la *Bl. trapezoïdea* par son prothorax plus large et plus court. Ne serait-elle pas simplement la ♀ de cette espèce?

Habite : Le Mexique.

Je ne connais pas cette Blabère, qui semble être caractérisée par sa tache prothoracique en ovale transversal entourée par un bord roux. Elle est plus grande que la *Bl. Cubensis*.

Enfin l'espèce suivante établit par ses formes moins dilatées la transition à la seconde section.

125. Blabera fraterna, nov. sp.

♂. *Sat crassa, fusca, pronoto elliptico, antice paulo attenuato, testaceo, macula quadrata irregulari fusca rufo-bimaculata; lamina supra-anali bilobata; elytris fuscis fascia marginali et macula anali pallidis; alis diaphanis, venis et costa apice, fuscis, campo antico irregulariter reticulato.*

♂. Sensiblement plus large et plus trapue que la *Bl. Claraziana*, mais lui ressemblant du reste beaucoup. Yeux distants comme chez cette dernière. Prothorax plus grand, voûté, ayant la même forme elliptique-trapézoïdale-arrondie, un peu atténué en avant, à bord postérieur presque droit d'une épaule à l'autre, à bords latéro-postérieurs arrondis; à bord antérieur réfléchi, à surface un peu inégale sur le disque et plus distinctement striée. Plaque sur-anale plus fortement bilobée. Élytres grands, dépassant l'abdomen de 8-10 mill., assez étroits; à bord antérieur sinué, arqué jusqu'au milieu, puis droit ou subexcisé; l'extrémité n'étant pas arrondie en pointe comme chez l'espèce citée, mais obliquement tronquée et arrondie; le champ marginal étroit, quoique plus large que chez l'espèce citée; la v. scapulaire faible, à branches très-indistinctes; le champ anal un peu plus aigu au bout; le reste comme chez la *Claraziana* ♂. Ailes partout doublement réticulées; dans le champ antérieur irrégulièrement par mailles celluleuses; les veines intercalaires entre les secteurs discoïdaux venant s'implanter sur ces secteurs; l'aire vitrée doublement réticulée vers le bout; à v. discoïdale bifurquée, chacune des branches étant à leur tour bifurquée.

Corps brun, varié de testacé; une bande testacée au front; antennes brunâtres; le premier article testacé. Prothorax testacé avec une tache brune carrée à bords découpés qui atteint le bord postérieur, et qui porte deux taches rousses. Élytres bruns avec la marge jusqu'aux deux tiers et un peu la base du champ anal, testacés; la bande humérale, brune; ailes transparentes avec toutes les nervures brunes et déteignantes; la côte transparente jusqu'au bout de la veine scapulaire, ensuite brune jusqu'à la veine humérale. Pattes d'un brun-testacé.

Longueur du corps, 0,034; — id. avec les élytres, 0,043; — id. de l'élytre, 0,035; — largeur du prothorax, 0,015; — longueur, 0,0106.

Habite : L'Amérique du Sud (les Antilles, Cuba ?). (Musée de Paris.)

Cette espèce est intermédiaire entre celles de la première et de la deuxième division; la forme du prothorax est déjà celle de la deuxième division, mais la forme de sa tache, la largeur du corps et la grandeur de la plaque sur-anale la rapprochent plus des espèces de la première division.

2. Mâles à développement complet, ayant les organes du vol entièrement développés et le prothorax elliptique ; femelles à développement incomplet, offrant des élytres rudimentaires et le prothorax parabolique.

Ici la plaque sur-anale est cornée, à bord postérieur arqué, un peu relevé, presque entier, seulement coupé par une très-petite échancrure au milieu. Le prothorax devient plus convexe et bossué ; le bord antérieur devient fortement bordé, presque réfléchi ; il n'y a plus, à proprement parler, de tache en écusson sur le disque du prothorax ; la couleur brune a tout envahi sauf le bord antérieur ; cette couleur forme une tache triangulaire à contours lobulés et festonnés. Chez les mâles ailés le bord des élytres est notablement moins dilaté et le champ marginal moins large; l'aire scapulaire se prolonge aussi beaucoup moins loin que dans la première section.

126. Blabera Claraziana, Sauss.

Minuta pro genere; fusca, testaceo-varia; pronoto antice testaceo-marginato, ♀ convexo parabolico, rufo 2 vel 4 punctato, ♂ elliptico-trapezoidali, minusculo; elytris ♀ rudimentariis, tegularum instar, haud contiguis, apice attenuatis, ♂ abdomine longioribus, testaceo-marginatis et macula anali testacea, campo marginali angusto, scapulari lævi; alis diaphanis venis fuscis, campo antico subfumato, quadrato-reticulato.

Bl. Claraziana, Sauss. Revue de Zoolog. XVI, 1864, 348, 69.

♀. Petite pour ce genre. Prothorax parabolique, voûté, presque demi-circulaire; son bord antérieur presque régulièrement arqué, bordé, un peu *relevé*, débordant un peu la tête; le bord postérieur à peine arqué, légèrement infléchi ou subsinué au delà des épaules; le bord antérieur réfléchi; la surface bombée, finement bosselée, ridée postérieurement, ponctuée sur les côtés. Corps lisse, finement striolé. Élytres rudimentaires, cornés, piriformes, se terminant en pointe arrondie, couverts de grosses ponctuations; leur marge externe bordée; l'extrémité arrondie, n'atteignant pas le bout du deuxième segment abdominal; le bord postérieur oblique, le bord interne fort arrondi; les deux élytres séparés l'un de l'autre par un espace de 3 ou 4 millim. Plaque sur-anale offrant au milieu une petite échancrure distincte; la sous-anale grande, lisse, convexe, à peine striolée; ses bords latéraux un peu sinués et réfléchis.

Couleur d'un brun foncé. Bouche, bordure des yeux, fossettes antennaires testacées. Bords latéraux du prothorax et des élytres testacés; le bord antérieur du premier plus étroitement testacé. Sur le milieu du disque deux points roux espacés, et souvent deux autres situés plus en arrière et plus rapprochés; une tache rousse ou testacée sur la base interne des élytres. Corps en dessus marqueté de testacé; les taches de cette couleur formant cinq raies, une médiane et quatre latérales (ou plutôt chaque segment orné d'une tache médiane et de deux bandes latérales basilaires; chacune de ces bandes étant partagée par une tache brune). Plaque sur-anale en général non bordée. Pattes et dessous du corps d'un brun testacé.

Un *subimago* a le corps entièrement granuleux en dessus; le prothorax en demi-cercle, bombé, testacé, orné sur le disque d'un dessin d'arabesques lisses, noires; le méso- et le métathorax offrant des dessins analogues, ayant leurs angles un peu prolongés en arrière, et n'offrant pas trace d'organes du vol.

♂. Prothorax presque pentagonal, ayant un bord postérieur à peine arqué d'une épaule à l'autre, des bords latéro-postérieurs prononcés, dirigés en avant et très-peu divergents; les angles arrondis; la voûte céphalique très-prononcée; tout le pourtour fortement bordé; le disque couvert de petites impressions. Organes du vol, bien développés, dépassant l'abdomen de 5 millim.; élytres régulièrement doublement réticulés, à nervures saillantes; la marge étroite; l'aire scapulaire lisse, atteignant seulement un peu au delà du tiers de la longueur du bord antérieur; la v. humérale droite, très-peu rameuse; les secteurs discoïdaux droits lorsqu'ils ne sont pas ramifiés. Ailes n'étant que simplement réticulées dans leur moitié basilaire; la v. scapulaire forte et longue, ses deux branches distinctes; la première v. axillaire simple après avoir fourni dès sa base quatre secteurs.

Couleur comme chez la ♀, d'un brun enfumé; élytres bruns, avec la marge jusqu'au milieu et la moitié du champ anal, testacés; ailes enfumées, brunâtres, avec la marge testacée au milieu; le brun des nervures déteignant un peu, surtout dans le champ postérieur.

	♀	♂
Longueur du corps	0,037	0,033
» des élytres	0,009	0,032
» du prothorax	0,0105	0,0092
Largeur du prothorax	0,015	0,013

Habite : La Plata, province d'Entrerios. Nous avons reçu de M. G. Claraz 4 ♀ et 3 ♂ de cette jolie espèce.

127. Blabera fumigata, Guér.

♂. *Fusco-ferruginea, elytris fusco-ferrugineis vel testaceis abdomen superantibus; pronoto trigono-elliptico, in disco gibberoso, in lateribus granulato, in margine antico late testaceo, in reliqua parte fusco; elytrorum area scapulori rugulosa; alis fusco-ferrugineis.*

Blabera fumigata, Guér. Ins. de Cuba (l. l.), 335, pl. 12, fig. 4, 4 *a*, ♂.

♂. Petite pour le genre. Prothorax ressemblant à celui de la *Bl. Thunbergii*, triangulaire-arrondi, mais plus large; le bord postérieur très-arqué; l'antérieur un peu atténué au milieu; les lobes latéraux un peu réfléchis en bas, bordés en brun; la surface assez fortement bossuée sur le disque, offrant les traces d'un dessin saillant en forme de lyre; granulé et ruguleux sur les côtés. Élytres dépassant l'abdomen d'environ 5mm; le bord externe à peine sinué vers l'extrémité. Le champ marginal assez large; son aire basilaire réticuleusement ruguleuse comme la *Thunbergii*, mais la v. scapulaire n'atteignant guère au delà du milieu du bord antérieur; les veines costales élevées et en partie rameuses; la v. humérale atteignant en ligne droite l'extrémité de l'élytre et fournissant deux ou trois branches antérieures bifurquées; la première veine discoïdale restant séparée de la veine humérale et émettant des secteurs fourchus, dont un par son bord antérieur. La réticulation double, mais formée par des vénules si fines qu'on les distingue à peine par transparence. Ailes offrant une v. scapulaire très-longue, terminée par quelques vestiges de veines costales; la v. vitrée simple; la réticulation formée par carrés réguliers, mais peu apparente; la bande vitrée postérieure n'étant réticulée que vers le bout.

Couleur d'un brun ferrugineux; corps brun; tête brune; le bord antérieur du prothorax assez largement jaunâtre ou testacé; cette bordure festonnée; le reste couvert, comme chez la *Bl. Thunbergii*, d'une grande tache lobulée brune qui comprend tout le bord postérieur. Antennes brunes à la base, plus pâles vers le bout; ailes lavées de brun-ferrugineux dans toute leur étendue.

Var. Élytres testacés, avec une ligne humérale brune.

Longueur du corps 0,037; — id. avec les élytres, 0,043; — id. de l'élytre, 0,037; — largeur du prothorax, 0,015.

Habite: L'île de Cuba.

On peut se demander si la *Bl. fumigata* ♂ n'est pas uniquement formée par des ♂ de la *Thunbergii*, dont les élytres ont acquis leur entier développement, toutefois la première diffère de la seconde par son prothorax moins triangulaire, un peu plus trapezoïdal et surtout un peu plus court.

Nota. Sur la figure 4ª que donne Guérin, les élytres sont sensiblement trop étroits et beaucoup trop échancrés au bord externe. Le rétrécissement des élytres dont parle l'auteur dans sa description tient seulement à une illusion que produit l'entre-croisement de l'extrémité de ces organes au repos. Le prothorax n'est pas assez triangulaire. — Sur les figures 4 et 4ª, le bord marginal du prothorax est aussi trop épais. Sur la figure 6, la forme du prothorax, quoique trop triangulaire, se rapproche plus de celui de la *Bl. fumigata* que de celui de la *Bl. Thunbergii* que cette figure doit représenter.

C'est probablement dans cette division que rentre aussi la :

Bl. dubia, Serv. Orthopt. 78, 5, ♂.

♂. *Statura* B. Clarazianæ, *testacea, fusco-variegata; capite testaceo fronte fusco; pronoto fere semicirculari fusco-rufo bimaculato et margine testaceo; elytris testaceis, abdomine 3 lin. longioribus, fuscescentibus, margine et macula anali testaceis; alis pellucidis, testaceis.*

Habite : Buenos-Ayres.

Cette description rappelle à certains égards la *Bl. fraterna.*

3. Mâles à développement demi-complet, ayant les organes du vol imparfaitement développés, ne dépassant pas l'abdomen, ou n'en atteignant pas l'extrémité, mais à prothorax encore elliptique, quoique atténué en avant. Femelles à développement incomplet, à formes larvoïdes, n'ayant en guise d'élytres que des rudiments cornés; leur prothorax parabolique; la plaque sur-anale cornée, et conformée comme dans la deuxième section.

128. Blabera Thunbergii, Guér.

Fusca, ♀ major, corpore crasso, fornicato, pronoto parabolico, convexo; pronoto granulato et subgibboso, margine antico fulvo, parabolico, convexo; elytris latioribus quam longioribus secundum abdominis segmentum obtegentibus, subquadratis, margine interno contiguis, transversim truncatis, margine postico sinuato, corneis, punctatis et ramoso-venulosis, area marginali latissima, vena scapulari valida, multi-ramulosa; alis rudimentariis.

♂ *Minor corpore depressiore, pronoto subelliptico, antice paulum attenuato, margine antico tenuiter reflexo, valde arcuato, postico utrinque oblique truncato; elytris abdomine paulo brevioribus, 5m vel 6m segmentum attingentibus, reticulatis, apice rotundatis, campo marginali mediocriter angusto, vena scapulari ultra medium marginem perducta, area scapulari rugulosa; alis hyalinis, venis et margine fuscis.*

Monachoda Thunbergii [1], Guér. Ins. de Cuba (l. l.), 337, pl. 12. fig. 6 ♂, 6 a ♀.

♀. Prothorax parabolique, voûté et convexe, fortement bordé le long de sa courbe antérieure; le bord postérieur tronqué en ligne presque droite, mais un peu sinué aux épaules et formant des angles latéraux vifs; la surface un peu bosselée, finement ridée transversalement et granulée sur les côtés, offrant sur le disque une légère élévation en forme de trident ou de lyre (dont les branches latérales sont sinuées et divergentes). Souvent deux points enfoncés. Corps large et voûté. Élytres rudimentaires, ne dépassant guère le deuxième segment de l'abdomen; larges, se croisant par le bord interne, vu leur grande largeur qui est bien supérieure à leur longueur, à peu près comme chez la *Monastria biguttata*; leur bord postérieur transversal est assez fortement sinué; leur surface grossièrement ponctuée, portant des indications de ner-

[1] M. Guérin a placé cette Blabère dans le genre *Monachoda*, sans doute parce que le prothorax parabolique de la ♀ ressemble à celui des *Monachodiens* qui ont des élytres incomplets (*Monastria*). Mais cette ressemblance ne tient qu'à un défaut de développement et n'est qu'accidentelle. Les espèces qui conservent à l'état d'imago les formes des subimago ont nécessairement le prothorax parabolique comme les nymphes en général. Le ♂ de la présente espèce, qui subit la dernière transformation, offre un prothorax tout analogue à celui des Blabères. — Les raisons qui doivent faire placer cette espèce dans le genre *Blabera* sont : l'absence de capuchon distinct au prothorax, le bord de cette pièce qui dépasse à peine la tête, les stries du prothorax qui sont transversales, non rayonnantes et longitudinales comme chez les *Monachodiens*, l'absence d'échancrures aux angles latéraux du prothorax, même chez les ♂ où cette pièce est normalement développée.

vures en relief. Ailes rudimentaires, cachées sous les élytres. Dernier segment ventral très-grand, convexe, lisse et un peu strié transversalement. Plaque sur-anale large, comme excavée (cannelée) le long de son bord postérieur; celui-ci subbilobé. Filets anaux courts et obtus. Bords de l'abdomen un peu serratiformes, les segments terminés par des angles épineux. Couleur brune, plus pâle en dessous. Bord antérieur du prothorax orangé (chez les individus bien marqués le bord postérieur et le disque, en restant bruns, forment comme une grande tache lobulée). Antennes brunes à la base, puis ferrugineuses.

Var. a. Élytres roussâtres. — *b.* Corps noirâtre, avec le bord du prothorax ambré. — *c.* Tout le corps ferrugineux; bord du prothorax plus pâle.

♂. Sensiblement plus petit. Prothorax irrégulièrement elliptique, un peu avancé au milieu du bord antérieur, ce qui lui donne une forme un peu triangulaire-arrondie, mais beaucoup moins que sur la figure citée[1]; le bord antérieur fortement bordé; la surface à peu près comme chez la femelle, mais le bord antérieur formant une voûte distincte au-dessus de la tête. Élytres arrondis, laissant à nu les deux ou trois derniers segments de l'abdomen, coriacés, finement et densément réticulés vers l'extrémité. La veine scapulaire atteignant bien au delà du milieu de l'élytre; l'aire basilaire réticuleusement rugueuse; la v. humérale comme trifurquée dès le premier tiers, mais la branche postérieure formant la v. discoïdale antérieure; la réticulation très-serrée, irrégulière, formée par des vénules qui, vues par transparence, paraissent assez épaisses. Les secteurs discoïdaux, rameux et sinueux. Le sillon anal, très-arqué; le champ anal coriacé, assez lisse et à veines rameuses. Les ailes très-petites, mais à vénulation complète et à veines épaisses; la marge un peu opaque, réticuleuse; la v. scapulaire postérieure nulle. La réticulation irrégulière et celluleuse, même un peu dans le champ postérieur et à l'extrémité de la bande vitrée postérieure, la base du champ discoïdal membraneuse, sans réticulation. Filets anaux assez pointus; plaque sous-génitale un peu réfléchie en haut. Styles très-petits. Couleur comme chez la femelle, mais d'un brun plus ferrugineux. Élytres bruns, avec la marge souvent plus pâle; nervures des ailes et le bord antérieur et externe, brun-ferrugineux.

	♀	♂
Longueur du corps.	0,042 à 52	0,035
» des élytres	0,011 à 14	0,022
Largeur du prothorax.	0,022 à 25	0,016

Habite: L'île de Cuba (6 ♀. 4 ♂, envoyés par M. F. Poey).

La larve est bariolée de brun et de testacé.

[1] C'est la figure 4 de la planche citée, et non la figure 6, qui rend bien la forme du prothorax de la *Bl. Thunbergii*. — Comp. page 245, *nota*.

La ♀ de cette espèce diffère de la *Bl. Capucina* ♂ par sa grande taille; par ses élytres plus larges que longs qui se croisent par leur bord interne, et qui sont tronqués, non arrondis postérieurement; par son prothorax rugueux; par sa plaque suranale plus grande et retroussée, etc.

Le ♂ a un prothorax presque identique à celui de la *Bl. fumigata*, quoiqu'un peu plus elliptique, moins trapézoïdal (sur les figures citées, le dessinateur a fait le contraire, à tort).

La *Bl. Thunbergii* ressemble à la *Monastria biguttata*, mais elle s'en distingue par son prothorax à bord moins relevé, dénué de capuchon et de stries rayonnantes, et par les élytres du mâle, qui ne recouvrent pas entièrement l'abdomen et laissent le dernier segment à découvert.

4. Mâles à développement incomplet, n'offrant que des élytres rudimentaires. et à prothorax parabolique. Femelles conservant la forme de larve (probablement aptères).

129. Blabera capucina (fig. 43).

Parva pro genere, castanea, subtus pallidior; pronoto parabolico (lato ut in subimaginibus) lævi, in medio pallidiore, fornicato; lateribus cadentibus, margine postico toto recto, antico valde arcuato, elevato-marginato; elytris rudimentariis, ovatis, tegularum instar, corneis, 5e obdominis segmentum haud attingentibus, margine externo elevato-marginato; lamina supra-anali rotundata, subfissa.

♂. Petite pour le genre. Prothorax presque en forme de demi-cercle, ou plutôt un peu parabolique, car le milieu du bord antérieur a une courbure plus forte qu'un arc de cercle; ce bord formant un gros cordon saillant; le bord postérieur coupé parfaitement droit. Les deux côtés du prothorax rabattus; le disque dorsal médian ayant à cause de cela une forme triangulaire dont l'extrémité forme la voûte céphalique; les épaules faiblement marquées par une sorte d'arête arrondie. La surface du reste lisse. Élytres très-courts, ovoïdes, n'atteignant pas le quatrième segment de l'abdomen, cornés et luisants, à nervure humérale très-élevée; le bord interne des deux élytres n'étant point en contact, mais séparé par un espace de 4mm; le bord externe bordé par un cordon saillant qui continue celui du bord du prothorax. Plaque sur-anale arrondie subbilobée. Styles distincts.

Couleur d'un brun marron, passant en dessous au testacé; le milieu du bord antérieur du prothorax un peu jaunâtre.

Longueur du corps, 0,033; — id. des élytres, 0,011.

Habite : Le Brésil. Bahia.

Cette Blabère est la seule qui conserve chez le ♂ la forme de nymphe; elle n'a pas le petit prothorax elliptique des Blabères ♂ arrivées à l'état parfait, mais bien le grand prothorax demi-circulaire commun aux Blabères ♀ aptères et aux larves. C'est même dans la tribu des Nuditarses la seule espèce qui offre ce phénomène.

Nota. On pourrait prendre cette espèce pour un subimago, mais il est certain que c'est au contraire une Blabère adulte, car les élytres sont libres, et recouvrent des ailes rudimentaires.

Fig. 43. *Blabera capucina*, Sauss. ♂, de grandeur naturelle.

2me Division. *Prothorax très-grand, très-large, à bords latéraux très-fortement dilatés. Élytres coriacés. Tarses plus courts et plus épais.* (*Passage aux* Monachoda.)

A. Prothorax très-grand, mais son bord antérieur ne dépassant que fort peu la tête. Élytres très-grands, dépassant l'extrémité de l'abdomen.

Ces insectes passent aux *Monochada* par leurs formes et la grandeur du prothorax; on voit aussi chez eux les tarses se raccourcir et s'épaissir; dans l'aile la bande vitrée antérieure devient très-large, et la v. vitrée très-rameuse comme chez les *Petasodes*. Le bord postérieur du prothorax est plus distinctement sinué aux épaules que dans la 1re Division.

130. Blabera marmorata, Stoll.

Magna, latissima; pronoto latissimo, tenuissime rugulato, macula triloba vel quadrifida fusca ornato, marginibus latero-posticis sinuatis; elytris coriaceis, latissimis, fusco-marmoratis, densissime striolatis, campo marginali corneo, latissimo.

Blatta marmorata, Stoll. Kakerl. tab. II *b*, fig. 5.

Cette espèce fait transition aux *Monachoda* par la dureté de ses élytres, par la grandeur du prothorax et la largeur de ses formes, mais elle appartient encore au genre *Blabera* par la forte armure des tibias, la longueur du premier article des tarses, la forme du prothorax qui est dénué de capuchon, et qui offre au contraire, au-dessus de la tête, la petite voûte commune à toutes les *Blabera;* enfin par sa tête qui arrive à fleur du bord antérieur du prothorax. Cette pièce a ses bords latéro-postérieurs légèrement infléchis. La surface est finement froncée; la tache du disque est bilobée en arrière, divisée en avant en trois lobes dont les deux latéraux sont comme deux languettes étroites et divergentes. Les élytres sont presque symétriquement arrondis en demi-cercle à l'extrémité. Les ailes sont transparentes, à nervures et à marge testacées ; partout doublement réticulées ; la v. humérale émet en avant de longs rameaux costaux très-rapprochés, et en arrière, dans l'aire vitrée, quelques petits vestiges de secteurs comme chez les *Petasodes*, mais la v. discoïdale n'émet pas de rameaux antérieurs.

Longueur du corps, 0,055 ; — id. avec les élytres, 0,068 ; — largeur du prothorax, 0,029.

Habite : Le Brésil.

C'est probablement dans cette section que rentre la :

BLABERA DISCOÏDALIS, Serv. Orthopt. 76, 2 ; Pl. I, fig. 6.

A en juger par la figure citée, cette espèce aurait un très-grand prothorax, comme la *Marmorata*, mais il est vrai que les figures de Drury et de Stoll, que l'auteur cite en synonymes, ne ressemblent en rien à celle qu'il donne de son espèce. Il rapporte à cette espèce la figure 1 de Stoll, se basant sans doute sur l'existence de la tache libre du prothorax. Cette tache constituant une variété fréquente de la *Bl. gigantea*, il est plus naturel de rapporter la figure de Stoll à la *Bl. gigantea*, comme le fait Burmeister.

B. Bord antérieur du prothorax dépassant sensiblement la tête. Élytres n'atteignant pas l'extrémité de l'abdomen.

Ce type forme le passage le plus complet aux *Monochada*, mais il n'y a pas encore de capuchon au prothorax malgré la dilatation du bord antérieur.

131. BLABERA DEPLANATA, nov. sp.

Valida, fusco-ferruginea ; capite recondito, oculis invicem remotis ; pronoto semicirculari, angulis acutis, margine postico recto, antico dilatato caput valde superante, disco tenuiter dense granulato et striolato ; elytris apice truncato-rotundatis ad abdom. 4i segmenti apicem productis, reticulato-punctatis, sulco anali nullo, vena anali prominula.

♀. Très-grande, très-large, aplatie. Yeux très-distants. Prothorax en forme de demi-cercle presque parfait, fortement bordé, dépassant assez notablement la tête, mais n'offrant pas de capuchon distinct ; son bord postérieur droit, parfaitement transversal, subsinué en dehors des épaules, à angles aigus, mais non pointus ; la surface finement granulée et comme obliquement veinée, les veines ayant sur les côtés une direction oblique en arrière; le disque offrant un dessin lisse et bosselé en forme de lyre pleine, comme chez les *Blabera* ordinaires. Élytres larges, coriacés, réticuleusement ponctués, couverts de veines rameuses et rayonnantes, ramifiées dans un parenchyme réticuleux; les veines devenant baveuses par la réticulation. Sillon anal nul, remplacé par la veine anale qui se montre en relief. Les élytres se croisant légèrement par le bord interne, un peu obliquement tronqués-arrondis, larges jusqu'au bout, atteignant l'extrémité du quatrième segment. Ailes rudimentaires. Bords de l'abdomen fortement dentés, à dents très-aiguës. Plaque sur-anale un peu réfléchie, un peu rétrécie, ponctuée, cornée, fort peu bilobée. Tarses assez longs. Premier et troisième articles des antennes fort grands.

Couleur d'un roux ferrugineux. Tronc huméral et bord des segments abdominaux en dessus, brunâtres.

Longueur du corps, 0,053; — id. des élytres, 0,022; — largeur du prothorax, 0,031.

La nymphe a le prothorax plus fortement granuleux.

Habite : Les Antilles, Cuba.

LÉGION DES MONACHODIENS

Prothorax débordant sensiblement la tête, formant toujours un capuchon complet au milieu du disque, offrant toujours une échancrure ou une petite dent en arrière de ses angles latéraux, ayant toujours le bord antérieur plus ou moins réfléchi en haut. (Plaque sur-anale élargie en arrière.)

Les Monachodiens forment un groupe très-naturel et suffisamment caractérisé par la présence du capuchon et du prothorax, par la forme dilatée du bord antérieur de cette pièce, laquelle dépasse notablement la tête en se réfléchissant plus ou moins fortement en haut. Les pattes ont leurs tarses plus courts et plus trapus que chez les Blabériens, et l'armure des tibias y est aussi moins forte; le premier article des antennes est, au contraire, plus allongé. Chez les ♀, le prothorax est grand, et le bord postérieur est moins arqué que le bord antérieur; chez les ♂ cette pièce est plus petite, surtout moins large, et le bord postérieur est plus arqué que chez les ♀, souvent même plus que le bord antérieur; on voit toujours derrière les angles postérieurs une échancrure suivie d'une petite dent. La plaque sur-anale est cornée, fendue ou bilobée, élargie d'avant en arrière, surtout chez les femelles. Les styles des mâles sont petits. Dans l'aile, la v. humérale émet en avant de fortes branches costales longitudinales, et en arrière des branches variables qui occupent la bande vitrée antérieure, laquelle est très-large; la v. vitrée devient rameuse au bout, et la v. discoïdale fournit souvent un rameau antérieur. — Ces insectes diffèrent des Blabériens par tous les caractères ci-dessus mentionnés; néanmoins il existe entre les deux groupes quelques types intermédiaires qui sont embarrassants à classer [1].

Les Monachodiens n'ont pas encore été rencontrés dans l'Amérique moyenne; néanmoins il est probable qu'ils y existent, et comme ce groupe est exclusivement américain, je crois devoir les mentionner ici. — Nous y distinguons les genres suivants :

a. Corps déprimé, large. Prothorax à bords très-dilatés et lamelleux ; l'antérieur plus réfléchi, plus arqué que le postérieur ; le capuchon faible, de forme vague . . . . . . *Monachoda.*

b. Corps plus épais, voûté. Prothorax rugueux, parabolique ou elliptique, à bord antérieur peu dilaté, réfléchi, à capuchon fortement prononcé, bombé . . . . *Monastria.*

c. Corps déprimé. Prothorax subtriangulaire, à bord antérieur fortement retroussé, à capuchon très-prononcé, aplati. . . . . *Petasodes.*

[1] Voyez à ce sujet, page 249, 2me DIVISION.

GENRE MONACHODA, Burm.

BLABERA, Serv. — MONACHODA, Burm. ex parte.

Formes larges et aplaties, comme chez les *Blabera*.

Prothorax très-grand, aplati, à bords très-dilatés, aussi large que les élytres au repos pris ensemble, à bord antérieur plus arqué que le postérieur, faiblement réfléchi, portant de fines stries rayonnantes; le bord antérieur régulièrement arqué; le postérieur brisé trois fois, moins convexe que l'antérieur; le disque offrant une protubérance arrondie en forme de calotte convexe qui forme le capuchon, et qui est resserrée de chaque côté à sa base entre deux sillons prononcés.

Élytres luisants, coriacés, très-amples, très-arrondis à l'extrémité.

Ailes grandes, très-densément veinées et réticulées, le champ postérieur presque aussi long que l'antérieur; celui-ci ayant une forme symétrique[1] dans les deux sexes; son extrémité arrondie en demi-cercle.

Abdomen très-large jusqu'au bout. Plaque sur-anale très-grande, demi-coriacée, élargie en arrière et fortement bilobée. ♂ Styles anaux très-petits.

Pattes grêles; épines tibiales encore assez fortes.

Les organes du vol sont extrêmement densément réticulés. Les élytres offrent, entre chaque bande intervénulaire, quatre rangées de petites cellules irrégulières; les ailes offrent une double réticulation carrée très-dense; leurs veines sont très-rameuses et dirigées dans un sens tout longitudinal; les secteurs discoïdaux sont parfois en partie entrecroisés; la v. discoïdale fournit une branche antérieure; la bande vitrée antérieure est remplie, ainsi que la moitié antérieure de l'aile, par une fine réticulation celluleuse. Chez les mâles, le prothorax est un peu moins grand que chez les femelles; le bord postérieur est aussi un peu plus arqué, mais toujours moins que l'antérieur.

[1] Voyez page 217, note 2.

Les *Monachoda* diffèrent des *Petasodes* par la forme symétriquement arrondie de l'extrémité de leurs ailes et par le bord non retroussé de leur prothorax. Ils se rattachent aux *Blabera* par la forme simple du prothorax et par l'armure encore assez forte des tibias. Ils se rapprochent surtout du type de la *Bl. marmorata,* mais ils s'en éloignent par leur prothorax muni d'un capuchon et par l'allongement du premier article des antennes.

Les *Monachoda* sont, après les *Blabera,* les plus grandes Blattaires connues.

Les larves ont un corps très-aplati, à bords lamelleusement dilatés.

132. MONACHODA GROSSA, Thunb.

Testacea, corpore fuscescente; pronoti disco oblique striolato, tenuiter granoso, utrinque sulco basis cuculli profundo; macula trigonali lobulata fusca antice attenuata et rotundata, postice cum margine fusco confusa, elytris ♀ corporis apicem attingentibus, ♂ longioribus; alis hyalinis, venis densissimis testaceo-coloratis. — Variat *pronoti macula scutelliformi, vel evanida.* — Longit. corp. 0,055; pronoti latitud. 0,024.

Blatta grossa, Thunb. Mém. Acad. Pétersb. X, 280. — Serv. Orthop. 79, 6 (*Blabera*).
Monachoda crassimargo, Burm. Handb. II, 515, 6 [1].

Chez cette espèce, les élytres sont arrondis en demi-cercle à l'extrémité, ainsi que le champ antérieur des ailes. A l'aile la v. humérale fournit un fort rameau postérieur qui partage la bande vitrée antérieure ; la v. vitrée est bifurquée; la v. discoïdale fournit un secteur antérieur, ou plutôt elle se bifurque; plusieurs des secteurs discoïdaux émanent d'une branche postérieure qui naît de la v. discoïdale vers le premier tiers de sa longueur. La moitié antérieure du champ antérieur est très-finement et irrégulièrement réticuleuse; la seconde moitié est doublement réticulée par carrés.

Larve. Entièrement plate; d'un jaune testacé avec les pattes et la tête brunâtres; les bords du corps très-dilatés, translucides; le dos orné de deux bandes brunes ondulées et marquetées qui partent de deux taches situées dans les sillons qui bordent le capuchon prothoracique. Plaque sur-anale très-grande, fortement bilobée; les prolongements latéraux des segments très-grands et à angles mousses.

Habite : Le Brésil.

[1] La *Monachoda grossa,* Burm. l. l., 505, 5, est probablement une autre espèce. Elle a les angles latéraux du prothorax aigus, et la tache prothoracique libre, élargie et trilobée en avant, avec le lobe median partagé comme chez la *Blabera marmorata.* Elle semble se rapprocher beaucoup de cette dernière. — On doit la nommer *M. Burmeisteri.*

C'est probablement dans ce genre que viennent aussi se placer les deux espèces suivantes qui vivent au Brésil et que je ne connais pas :

M. BURMEISTERI (*grossa*, Burm. Handb. II, 515, 5).
M. LATICOLLIS, Burm. ibid., 515, 7. (Syn. excl.)

GENRE MONASTRIA[1], Sauss.

BLABERA, Serv. — MONACHODA, Burm. (ex parte).

Formes larges; corps bombé, assez épais.

Prothorax convexe, de forme parabolique chez les femelles, elliptique chez les mâles, anguleux, granulé ou offrant de fortes stries rayonnantes; le bord antérieur relevé et fortement bordé; le capuchon bombé en forme de calotte sphérique, encadré de droite et de gauche par un profond sillon.

Organes du vol variables. Élytres atrophiés chez les femelles, complétement développés chez les mâles. Ailes rudimentaires chez les femelles, normales chez les mâles; le champ antérieur n'ayant pas une forme symétrique[2].

Plaque sur-anale cornée, large et assez courte chez les femelles, à bord postérieur arqué et un peu fendu au milieu, à angles latéraux prononcés; plus longue chez les mâles et partagée en deux lobes carrés.

Pattes médiocrement grêles; épines tibiales petites et fines; tarses courts et trapus.

Dans ce genre, les femelles conservent toujours plus ou moins la forme subimageaire. Le prothorax a son capuchon beaucoup plus saillant et ses bords beaucoup moins dilatés que chez les *Monachoda;* le bord antérieur est relevé et bordé, mais non retroussé comme chez les *Petasodes;* le postérieur est trois fois brisé. Chez les mâles, le prothorax est assez

[1] μοναστρια, nonne. — Sauss. Revue de Zool XVI, 1864, 349.
[2] Voyez la note 2me de la page 217.

elliptique, et son bord postérieur est aussi arqué que l'antérieur; chez les femelles il est plus grand, convexe et parabolique. Les femelles ont des élytres tronqués; chez les mâles ces organes sont membraneux et dépassent notablement l'abdomen; ils sont médiocrement dilatés; la marge est assez large, à v. costales rameuses; l'aire scapulaire, cornée et limitée par un fort sillon n'atteint pas le milieu du bord antérieur; le champ discoïdal n'est guère réticulé jusqu'au milieu, ensuite il devient irrégulièrement doublement réticulé; les secteurs sont irréguliers, entrecroisés ou confluents; l'extrémité est terminée un peu obliquement. Les ailes sont densément réticulées, presque comme chez les *Monachoda,* quoique moins densément dans la portion antérieure; la v. humérale est peu rameuse; la v. vitrée l'est beaucoup.

Les *Monastria* ♀ ont un faciès de Trilobite, qu'elles partagent du reste avec certaines *Blabera* (*Thunbergii,* etc.), dont elles se distinguent facilement par leur prothorax bossué, à capuchon très-distinct et strié.

1. Prothorax portant des stries rayonnantes.

133. Monastria biguttata, Thunb.

Fusco-nigra, antennarum apice, pronoti disci maculis 2 et limbo antico, flavis vel testaceis; ♀ *pronoto subtrigonali-rotundato, angulis lateralibus truncatis et postice dentem minutum efficientibus; maculis meso- vel metanoti punctoque humerali utrinque flavis; elytris corneis transversim truncatis, tantum abdominis basin attingentibus, margine interno contiguis; alis squamiformibus, margine postico trisinuato, angulo marginali rotundato.* — Longit. 0,041 ; elytri 0,011-12. — *Variat pronoti disco flavo-bimaculato, et limbo tantum medio et in angulis, flavo.*

Var. ? *Pronoto minore, rugosiore, elevato-ramoso-striato et rugis reticulatis elevatis, etiam in cucullo instructo, margine antico toto acriter flavo.*

♂, *pronoto elliptico, margine postico fere magis arcuato quam anticus, obtuse triangulato; marginibus latero-posticis apice dente instructis; elytris fuscis ; alis fuscescentibus venis et margine antico fuscis.* — Longit. 0,042; cum elytr. 0,051.

Blatta biguttata, Thunb. I 1. X, 276, 2, pl. 14 — Serv. Orthopt. 80, 7 (*Blabera*). — Burm. Handb. II, 314, 4 (*Monachoda*).

Les taches jaunes du prothorax sont ornées d'arabesques noires; elles sont variables; elles se réunissent ou se partagent, et passent souvent au rougeâtre.

Chez le ♂, l'aile offre une veine humérale fort peu rameuse, fournissant seulement deux ou trois branches costales vers le bout et quelques petits secteurs postérieurs qui se perdent dans la réticulation irrégulière de la bande vitrée antérieure ; la v. discoïdale émet une branche antérieure.

La larve ressemble beaucoup à l'imago, mais toute la surface du corps est finement granulée ; le bord antérieur du prothorax est mince, non épaissi en cordon et moins réfléchi ; le bord postérieur de la plaque sur-anale est plus fortement fendu et festonné.

Habite : L'Amérique méridionale ; le Brésil.

134. Monastria similis, Serv.

Fusco-nigra ; præcedenti similis, at elytris ♀ longioribus, ad medium dorsum productis, apice rotundatis, punctulatis et oblique striolatis, margine reflexo, fulvo ; alis 4 lin. longis ; elytris ♂ latis, abdomen valde superantibus, cum alis fusco-nigris ; parte antica pronoti flava. — America meridionali.

Blabera similis, Serv. Orthopt. 81, 8.

Serait-ce la *M. semialata* imparfaitement décrite? Comp. n° 136.

135. Monastria angulata, nov. sp.

M. biguttatæ *affinissima, pronoto ♀ magis trigonali, angulis lateralibus peracutis, haud emarginatis ; elytris paulo magis angulatis ; lamina supra-anali rotundatiore.*

♀. Très-voisine de la *Bl. biguttata*. Même livrée. Taille un peu moindre. Le prothorax, au lieu d'être arrondi à ses angles, est plus triangulaire; ses angles latéraux sont vifs et aigus, point échancrés, et ils regardent même un peu en arrière, parce que les portions latérales du bord postérieur sont un peu concaves ; le bord postérieur est plus angulaire au milieu ; la sculpture est à peu près la même que chez l'espèce citée. Les élytres ont aussi la même grandeur, mais leur bord postérieur est plus oblique, parce que leur angle externe est un peu plus prolongé en arrière ; le tubercule huméral est un peu plus fort. La plaque sur-anale est notablement plus arrondie, surtout à ses angles externes ; les filets anaux sont plus courts.

Longueur du corps, 0,032 ; — id. des élytres, 0,010-11 ; — largeur du prothorax, 0,018.

Habite : Le Brésil, Bahia.

2. Prothorax tuberculeux, non strié.

136. Monastria semialata, nov. sp.

Magna, fusca, pronoto ♀ parabolico, gibboso; elongato-cucullato; valde granuloso, margine antico late testaceo, margine postico medio spina armato; elytris 4m segmentum abdominis attingentibus, rotundatis, testaceis, fascia fusca.

♀. Grande. Yeux distants, vertex peu ou pas creusé. Prothorax comme chez la *M. biguttata*, mais dépassant moins la tête, parabolique, beaucoup moins triangulaire, ayant les bords latéro-postérieurs peu brisés; le bord antérieur très-arqué; les angles latéraux peu ou pas échancrés; le milieu du bord postérieur un peu angulaire et armé d'une épine verticale; les sillons formant un V moins ouvert; le capuchon allongé; la surface point striée mais couverte de granulations tuberculeuses; les bosselures et le bord postérieur ponctués. Élytres atteignant l'extrémité du troisième segment abdominal, cornés, arrondis à l'extrémité. Le sillon anal atteignant un peu au delà du milieu du bord interne.

Couleur brune; cuisses et bouche testacées. Prothorax d'un testacé brunâtre; le milieu des bosses et le bord postérieur, bruns; de chaque côté des bosses postérieures, une tache roussâtre. Élytres d'un fauve testacé; une bande sur le tronc huméral et le bord interne, bruns. Sur l'abdomen, de chaque côté, une tache pâle. Entre les griffes, on voit un très-petit rudiment de pelotte. Plaque sur-anale comme chez la *biguttata*. Tarses courts.

Longueur du corps, 0,055; — id. des élytres, 0,026; — largeur du prothorax, 0,024.

Habite : L'Amérique méridionale.

La forme du prothorax rapproche un peu cette espèce des *Blabera*.

GENRE PETASODES[1], Sauss.

BLABERA, Serv. — MONACHODA, Burm. ex parte.

Formes ♀ larges, ♂ assez grêles.

Prothorax aplati, lisse; son bord antérieur *retroussé en forme de lame;* ce retroussement produisant en dessous un fort bourrelet. Le capuchon très-fort et aplati.

Élytres médiocrement grands, plus ou moins coriacés; le sillon anal faible.

Ailes ♀ variables, ♂ grandes; le champ antérieur n'étant pas symétriquement arrondi à l'extrémité[2].

Abdomen aplati, à bords lamelleux et dentés; la plaque sur-anale grande et fortement bilobée.

Pattes grêles; épines tibiales assez fines; tarses courts.

♀. Prothorax large et triangulaire ou en losange, à bord postérieur plus ou moins arqué, formant de chaque côté un angle prononcé et un peu échancré. Élytres coriacés, lisses, de forme ovale-symétrique[2]; l'extrémité symétriquement arrondie en forme de demi-ellipse; tantôt grands, tantôt rudimentaires.

♂. Prothorax assez petit, elliptique, à bord postérieur plus arqué que l'antérieur, fortement unidenté de chaque côté. Élytres demi-coriacés, n'ayant pas une forme symétrique. Ailes grandes.

Tout l'insecte est très-aplati; la tête est plate, mais les yeux sont un peu saillants, et le sommet du front et le vertex sont un peu cannelés. Le prothorax est fortement excavé et bordé antérieurement par un rebord en forme de paroi; le capuchon, aplati en dessus, continue presque la surface du disque postérieur, mais il est terminé dans le reste de son

[1] πεταςώδης, en forme de chapeau. — Sauss. Revue de Zoologie, 1864, p. 349.

[2] Voyez la note 2me de la page 217.

pourtour par des bords taillés verticalement; les carènes humérales sont vaguement indiquées; la surface est assez lisse, sauf à la face antérieure du capuchon; chez les femelles, l'échancrure des angles du prothorax est petite, et la dent qui lui succède est rapprochée de l'angle; chez les mâles elle est allongée, et la dent se trouve placée plus en arrière. Chez les femelles, les élytres ne sont pas tronqués obliquement, mais symétriquement arrondis à l'extrémité; leur marge est dilatée, mais le bord antérieur n'est que peu arqué; il est coupé carrément à la base, et le prothorax est presque aussi large que les deux élytres pris ensemble au repos; à la base la veine humérale partage l'organe en deux moitiés égales. Les veines sont très-fines, sauf la v. scapulaire, qui est longue et qui fournit quelques branches; la réticulation est extrêmement dense. Chez les mâles, les élytres ne sont pas arrondis symétriquement à l'extrémité, pas plus que les ailes; ils sont plus longs, demi-membraneux, à veines plus fortes, à réticulation moins dense. Chez les femelles, les ailes sont très-variables; parfois rudimentaires, elles prennent une forme étroite et lancéolée. Chez les mâles elles sont toujours bien développées. Ces organes offrent ceci de particulier : tandis que la bande vitrée postérieure se présente comme une ligne transparente étroite, la bande antérieure est très-large, densément réticuleuse et remplie *par de petits secteurs* arqués qui partent de la v. humérale; la v. discoïdale émet une branche antérieure.

Les *Petasodes* ont un faciès des plus original. Le prothorax, surtout chez les femelles, est façonné de manière à rappeler la figure d'un tricorne ou d'un chapeau de moine. Lorsque les élytres sont au repos, l'ensemble de ces insectes rappelle assez bien la tournure d'un moine enfroqué, et ils ont aussi la couleur brune du froc des capucins.

1. Prothorax triangulaire chez les femelles; ailes rudimentaires dans ce sexe.

137. Petasodes Dominicana, Burm.

Lata, fusco-castanea; pronoto et elytris badio-ferrugineis, illius margine reflexo elevatissimo, margine postico fuscescente, cucullo antice verticaliter in discum detruso:

♀ *dilatata; pronoto trigonali, margine postico parum arcuato, antico maxime reflexo, subtus rugosissimo; elytris coriaceis, lævibus, abdomen parum superantibus; alis rudimentariis, anguste lanceolatis, apice acuminatis, campo postico distincto, campo antico ferruginescenti, venis omnibus distinctis.*

♂ *gracilior, corpore angusto; pronoto magis elliptico, margine postico subarcuatiore quam antico; elytris coriaceo-membranaceis abdomen valde superantibus; alis ferrugineo-fumigatis, campi antici venis transversis, tenuissimis, area fenestrata antica haud reticulata, sed sectoribus arcuatis minutis a vena humerali emissis impleta.*

Monachoda Dominicana, Burm. Handb. II, 514, 1, ♀.— *M. Franciscana*, ibid. 514, 2, ♂.
Blabera pedestris, Serv. Orthopt. 83, 15, ♀.

	♀	♂
Longueur du corps.	0,046	0,038
Longueur du corps en comptant les élytres . .	0,049	0,049
Largeur du prothorax.	0,025	0,020

Cette espèce est fort curieuse vu les petites ailes de la femelle, qui ne sont pas en forme de raquette comme le sont en général les ailes rudimentaires, mais allongées et aiguës, presque en forme de lanières, de 12^{mm} de longueur, mais contenant néanmoins toutes les parties et toute la vénulation de l'aile normale, et représentant une aile en miniature.

Le prothorax du mâle a une forme très-différente de celui de sa femelle. Il ressemble beaucoup plus à celui de la *P. reflexa*, mais il se reconnaît facilement au retroussement plus fort du bord antérieur et au capuchon *vertical par-devant* chez le ♂ comme chez la ♀. Les bords latéro-postérieurs du prothorax offrent une petite ligne fauve en arrière de la dent latérale; le ♂ a souvent le bord antérieur fauve ou testacé.

Habite : L'Amérique méridionale, le Brésil.

138. Petasodes reflexa, Thunb.

Lata, fusco-testacea, subtus fusca; pronoto et elytris badiis vel fusco-testaceis; pronoti margine postico magis arcuato quam antico; antico minus alte reflexo quam in P. Dominicana; *cucullo antice oblique marginem anticum versus detruso.*

♀ *dilatata; pronoto subrhombiformi, utrinque angulato, margine postico fere con-*

vexiore quam antico, hoc arcuato-angulato, subtus ruguloso; elytris abdomen valde superantibus; alis normalibus, ferrugineo-reticulatis, campo postico subfuscescente.

♂ *angustior; pronoto magis elliptico antice haud angulato, postice magis arcuato, dente laterali utrinque valida instructo; elytris valde elongatis, fumato-fuscescentibus, obscuris; alis fuscis, dense reticulatis; area fenestrata antica dense irregulariter reticulosa; pronoto supra fusco, margine reflexo antice, marginibus lateralibus anguste et disco præ cucullo, badio-testaceis.*

Blatta reflexa, Thunb. Mém. Acad. Pétersb. X, 278. — Serv. Orthopt. 82, 9; pl. II, fig. 2, ♂. (*Blabera.*)

Blatta Mouffeti, Kirby. Linn. Trans. XII, 2; Centur. of Ins. 95; Isis 1824, 127. — Burm. Handb. II, 514, 3. (*Monachoda.*)

	♀	♂
Longueur du corps.	0,035	0,038
Longueur du corps en comptant les élytres . .	0,043	0,048
Largeur du prothorax.	0,019	0,0175

Chez cette espèce, le prothorax est sensiblement moins large que chez la *Dominicana* et un peu moins angulaire au bord antérieur; de plus, chez la femelle le bord postérieur est aussi arqué que l'antérieur, quoique d'une autre manière; chez le mâle, il est plus arqué que l'antérieur. Le bord retroussé est moins élevé, et le capuchon tombe plus obliquement dans la rigole formée par le bord retroussé. La couleur est moins foncée chez la femelle que chez le mâle; chez celui-ci, le prothorax est souvent brun en dessus, avec tout le rebord retroussé et une ligne sur tout le pourtour, sauf au milieu du bord postérieur, d'un bai pâle, ainsi que l'espace situé entre le capuchon et le rebord. Notre unique femelle a les élytres un peu brun-ferrugineux, avec la marge ferrugineuse-pâle, et les ailes sont peu colorées, à nervures ferrugineuses; le champ postérieur seul étant un peu enfumé; chez le mâle les élytres et les ailes sont d'un brun de suie, et il semble que ce soit un caractère de ce genre que les ailes des ♀ soient ferrugineuses et celles des ♂ enfumées.

Dans l'aile de la ♀ la côte est transparente; on distingue une très-forte v. scapulaire portant des v. costales allongées; la v. humérale est peu ramifiée, et la bande vitrée antérieure, très-sinueusement réticulée comme chez le ♂; chez ce dernier, la côte de l'aile est presque opaque.

La diagnose de Burmeister « elytrorum basi testaceo » ne s'accorde pas bien avec cette espèce.

APPENDICE

1. Note complémentaire sur la composition de l'abdomen chez les Blattides.

J'ai dit, page 28, que l'abdomen des Blattides offrait en dessus 8-9 segments apparents ; en dessous 6-7 chez les ♀, 8 chez les ♂. Ayant eu récemment connaissance d'un mémoire du professeur H. Schaum sur l'unité de composition du squelette chez les insectes [1], j'ai été conduit à un nouvel examen de l'abdomen des Blattides, pour lequel je me suis procuré des individus frais ou conservés dans l'alcool. Le résultat de cet examen a été que l'abdomen de ces insectes se compose toujours du même nombre de segments. Les variations qu'on croit observer sous ce rapport ne sont qu'apparentes, et tiennent surtout à ce que les deux avant-derniers arceaux dorsaux sont tantôt saillants, tantôt cachés sous celui qui les précède.

La composition normale de l'abdomen est la suivante : Sur la face dorsale on trouve d'abord un premier arceau qui fait suite au métathorax, mais qui n'a jamais de correspondant ventral. Cet arceau appartient, à proprement parler, encore au thorax, comme l'ont démontré Wesmaël, Meinert et Schaum. Le second de ces savants donne, d'après Latreille, à ce segment le nom de *médiaire* (segmentum mediale), comme établissant la liaison entre le thorax et l'abdomen. Chez les insectes à corps segmenté (certains hyménoptères), l'étranglement qui sépare le thorax de l'abdomen tombe entre ce segment *médiaire* et le reste de l'abdomen, et l'arceau unique du segment médiaire se rabat de manière à former la face postérieure du thorax. Il constitue ainsi ce qu'on appelle vulgairement le *métathorax*, quoique à tort, comme l'a fort bien prouvé Wesmaël, car chez ces insectes, c'est l'écusson qui constitue en réalité le véritable métathorax. Ainsi, lorsque le corps se partage par un étranglement qui sépare le thorax et l'abdomen, le segment médiaire se trouve distinctement rejeté dans le thorax et séparé de l'abdomen.

Chez les insectes à corps non partagé et chez les Blattides en particulier, il n'en est pas ainsi : le segment médiaire semble, par l'analogie de sa forme, appartenir à l'abdomen, mais il doit en être nettement distingué, et lorsqu'on arrache l'abdomen, il arrive souvent que ce segment reste adhérent au thorax. Nous ne compterons donc le

[1] Ueber die Zusammensetzung des Kopfes und die Zahl der Abdominal-Segmente bei den Insecten. (Ann. a. Magaz. of Nat. Hist. 1863 et Archives de Wiegmann, 1864.)

nombre des segments abdominaux qu'à partir de celui qui lui fait suite, du deuxième apparent, qui sera pour nous, comme pour Meinert, le premier. On trouve alors à l'abdomen :

A. FEMELLES. 1) Cinq anneaux complets très-apparents, qui possèdent arceau dorsal et arceau ventral, et de chaque côté un stigmate au point de rencontre des deux arceaux.

2) Un sixième anneau formé par un petit arceau dorsal et par un arceau ventral très-grand, qui se prolonge jusqu'à l'extrémité de l'abdomen et forme le dernier segment ventral apparent, en d'autres termes, *la plaque sous-génitale.*

3) Un septième segment dorsal petit, et qui n'offre pas de correspondant ventral.

4) Un huitième segment dorsal également privé de correspondant ventral, à moins qu'on ne veuille considérer la vulve comme l'équivalent d'un segment. En effet, chez les individus adultes on trouve souvent une ligne cornée adhérente à la vulve et qui forme comme un petit arceau ventral. — Ces deux anneaux incomplets, étant invaginés, n'offrent pas de stigmates.

5) En apparence, un dernier ou neuvième anneau complet qui chez la larve entoure plus ou moins l'orifice anal. Cet anneau est très-facile à isoler; il est formé supérieurement par la lame terminale du dos, ou *plaque sur-anale ;* inférieurement par une lamelle cornée fendue, que j'ai à diverses reprises nommée *plaque sous-anale*, et qu'il ne faut pas confondre avec la grande plaque sous-génitale ou dernier segment ventral. Aux points de rencontre de la plaque sur-anale et de la sous-anale sont insérés les filets anaux ou *cerci*, qui sont adhérents aux angles de cet espèce d'anneau et en font partie en tant qu'appendices. A première vue il semble donc qu'il existe un anneau anal complet ; mais nous verrons plus bas que les pièces anales ne constituent pas réellement un neuvième anneau, et qu'on doit admettre chez les ♀ huit anneaux seulement, les deux derniers, ou au moins le septième, étant incomplets en-dessous.

La vulve se trouve donc intercalée entre les pièces anales et le sixième segment ventral, remplaçant pour ainsi dire le huitème ; et l'anus se trouve placé plus haut, entre les plaques anales qui constituent en apparence un neuvième segment.

A la face ventrale, les segments 8e (vulve) et faux 9e (plaque sous-anale) sont toujours recouverts par le sixième (plaque sous-génitale) et ne font point saillie à l'extérieur; cependant le bord de la plaque sous-anale arrive souvent à fleur de celui de la plaque sous-génitale (sixième segment), et la dépasse même chez certaines larves. (Comp. *Homeogamia Brasiliana*, p. 228.) A la face dorsale, les segments 7 et 8 sont le plus souvent invaginés, et restent invisibles, ou ne sont visibles que par leur bord extrême. Chez diverses espèces cependant, surtout chez les aptères, où la surface dorsale n'est pas protégée par les élytres, ils deviennent saillants et même fort distincts, quoique restant toujours petits, (*Polyzosteria*, *Chalcholampra*, etc.). Du fait de leur invagination ou de leur dégagement, il résulte que l'abdomen a l'air de n'être pas toujours composé de la même manière.

B. Males. On trouve chez les mâles les mêmes cinq premiers anneaux que chez les femelles, plus un sixième et un septième complets qui possèdent bien l'arceau inférieur : le huitième forme la plaque sous-génitale, qui est ici beaucoup moins grande que chez la femelle, et qui porte les organes copulateurs ; on trouve aussi une sorte de neuvième anneau apparent ou anneau anal composé, comme chez la ♀, de la plaque sur-anale et de la petite plaque sous-anale fendue, et portant les deux *cerci*. Il faut encore observer que chez le ♂ le huitième anneau porte sur le bord de l'arceau ventral (plaque sous-génitale) les deux petits appendices articulés qu'on a nommés les styles (*styli*).

Ainsi l'abdomen des mâles est composé du même nombre de segments que celui des femelles ; mais, tandis que chez celles-ci c'est le sixième segment ventral qui s'hypertrophie pour former la plaque sous-génitale en faisant avorter les septième et huitième, chez ceux-là c'est le huitième seulement qui devient plaque sous-génitale, en sorte que le septième n'avorte pas et que les deux derniers arceaux ventraux se développent normalement. Chez la ♀ le septième et le huitième segment sont invaginés par le précédent, et il n'existe d'apparent que le sixième segment ventral (pas de septième ni de huitième) ; chez le ♂ tous les segments ventraux existent et sont apparents ; le septième reste libre ; le huitième recouvre l'orifice génital.

La différence la plus apparente qui règne entre les mâles et les femelles, c'est que chez celles-ci il n'existe en dessous qu'un seul segment (le sixième) là où les mâles en offrent trois (les sixième, septième et huitième). On pourrait donc être tenté de croire que chez les ♀ le segment ventral est composé de deux segments soudés ; c'est ce que l'on croit observer d'une manière plus ou moins distincte sur la plaque sous-génitale de diverses espèces, et en particulier chez les *Periplaneta*, *Homeogamia*, *Chalcholampra*, etc., genres chez lesquels la seconde moitié de cette plaque est comprimée et séparée de la première par un profond sillon. On dirait presque que le sixième segment et le septième se sont ici soudés pour former la plaque sous-génitale.

Il nous reste à parler des plaques anales qui, avons-nous vu, se retrouvent chez les deux sexes. Nous pensons, avec M. Schaum, que ces pièces ne constituent pas un neuvième anneau, et voici pourquoi :

1° Lorsqu'on étudie de plus près les pièces qui semblent le constituer, on ne tarde pas à reconnaître que la plaque sous-anale ne forme pas un véritable arceau inférieur, passant sous l'anus ; en effet, cette plaque se compose de deux lobes, et c'est *entre* ces lobes que s'ouvre l'orifice anal. Or chez les sujets adultes ces lobes s'appliquent sous la plaque sur-anale, et semblent alors constituer des pièces supérieures. La plaque sous anale nous paraît donc être seulement composée de lamelles indurées qui encadrent l'anus.

2° Les *cerci*, qui seraient les appendices de l'anneau anal, s'inséreraient à la rencontre de l'arceau dorsal et du ventral, si réellement les pièces ci-dessus décrites formaient un véritable anneau ; or, les appendices s'insèrent toujours sur les segments eux-mêmes et non sur leurs points de rencontre[1]. Il semblerait donc que la plaque *sous-anale* ne doit pas être prise pour un arceau inférieur. M. Schaum envisage la plaque sur-anale, non pas comme un neuvième segment dorsal, mais seulement comme un lobe résultant de la segmentation du huitième segment, et qui emporte avec lui les *cerci*, lesquels seraient en réalité les appendices du huitième segment dorsal, de même que les *styli* forment chez les ♂ les appendices du huitième segment ventral. La plaque sous-anale n'est probablement formée que par deux lobes indurés représentant la cloison cornée qui, chez d'autres Orthoptères, sépare l'anus de l'orifice génital, mais qui vient ici emboîter l'anus.

3° A l'appui de cette manière de voir, on peut encore alléguer que, dans les insectes, on n'a encore trouvé chez aucune larve proprement dite plus de 8 anneaux abdominaux (9 en comptant le médiaire), en sorte qu'il n'est pas à supposer que les Blattides fassent exception à la règle générale.

Il n'y a donc pas en réalité d'anneau anal (ou 9e), mais seulement un demi-segment dorsal auquel tiennent les cerci, et aux extrémités duquel vient se fixer la cloison ou plaque sous-anale.

La composition de l'abdomen, telle que nous venons de la décrire, répond parfaitement à la théorie générale de la structure de l'abdomen chez les Arthropodes, telle que l'a formulée le professeur Schaum. Cette théorie est ingénieuse en ce qu'elle semble établir l'unité de composition de l'abdomen chez les insectes, et quoique basée pour les Orthoptères sur des types appartenant à d'autres familles, elle nous semble s'appliquer également à celle des Blattides. Nous sommes donc disposés à l'accepter comme juste si elle se confirme dans toute la série des Orthoptères.

Tout dépend dans cet ordre de faits des définitions qu'on donne aux mots, et tout dépend, dans ce cas spécial, de ce que l'on veut appeler un anneau. L'embryogénie seule pourra éclaircir d'une manière définitive la question de savoir ce qui doit être envisagé comme tel.

[1] Les *styli* des mâles sont en effet articulés sur le bord postérieur de la plaque sous-génitale (8me segment ventral.)

2. Observations sur la synonymie.

Durant le cours de la publication de ce Mémoire, je me suis aperçu, par diverses citations, que l'exemplaire de Stoll, dont je me servais [1], se trouvait être incomplet et qu'il y manquait les trois dernières planches de Blattes, ainsi que la table des noms. J'ai appris depuis que Stoll était mort durant le cours de la publication de son ouvrage, et que celle-ci avait été terminée par Houttuyn, d'où il est probablement résulté que plusieurs exemplaires sont restés incomplets. Cette circonstance, dont il m'aurait été impossible de me douter, m'a fait décrire comme nouvelles deux espèces figurées par Stoll, et a introduit quelques lacunes dans la synonymie de quelques autres espèces déjà connues.

Je donne ici la liste des espèces figurées sur les planches III^d à V^d, que je n'ai pas connues en temps utile et dont j'ai pris connaissance sur un exemplaire complet qu'a bien voulu me communiquer M. le lieutenant de Heyden.

	Comparez page	Comparez numéro
PLANCHE III *d*.		
Fig. 10. Periplaneta Americana, ♀ (*siccifolia*, Stoll.)	71	15
Fig. 11. id. id. ♂ id.	71	15
Fig. 12. Panchlora, voisine de la *nivea* (*hyalina*, Stoll.). Cette espèce, dont la patrie n'est pas même indiquée, ne saurait être reconnue avec certitude	194	95
Fig. 13. Periplaneta histrio, Sauss. ♀ (*rhombifolia*, Stoll.) larve	73	18
Fig. 14. Periplaneta Americana, ♂ (*aurantiaca*, Stoll.) larve	71	15
PLANCHE IV *d*.		
Fig. 15. Periplaneta orientalis, ♂ (*orientalis*, Stoll.)	73	17
Fig. 16. id. id. ♀ id.	73	17
Fig. 17. id. id. capsules contenant les œufs	73	17
Fig. 18. Blatta germanica (*germanica*, Stoll.)	103	...
Fig. 19. Panchlora 4-punctata (*4-punctata*, Stoll). Espèce voisine de la *P. Mexicana*, Sauss. (sans indication de patrie)	197	100
Fig. 20. Panchlora Indica (*melanocephala*, Stoll.)	188	88
PLANCHE V *d*.		
Fig. 21. Corydia Petiveriana (*Petiveriana*, Stoll.)	147	—
Fig. 22. id. id. à ailes étalées	147	—
Fig. 23. Panchlora Maderæ (sans nom), larve	202	104
Fig. 24. Larve de la même espèce?	202	104
Fig. 25. Polyzosteria orientalis (sans nom). J'avais décrit cette espèce sous le nom de *Picteti*, faute de connaître cette figure	54	3

[1] L'exemplaire de feu Jurine, le seul qui existe à Genève.

Je dois encore citer ici les figures suivantes que je n'ai pu réussir à rapporter aux espèces qu'elles doivent représenter :

DRURY, *Illustr. of Nat. Hist.* tome II, planche XXXVI.

Fig. 1. Panchlora nivea ? (*nivea*, Dr.) New-York. (?)

Fig. 2. Blabera...... ? (*gigantea*, Dr.) Jamaïque. Cette figure rappelle par sa taille la *Blabera Mexicana*, mais la tache brune du prothorax est libre comme chez la *gigantea*.

Fig. 3. Nyctobora sericea ? (*Bl. Ægyptiaca*, Dr., par erreur). Jamaïque.

MERIAN, *Insectes de Surinam* [1].

La planche Ire représente une grande Blatte qui ressemble à certains égards à des Blabères, mais qui, vu la forme et le dessin du prothorax, semble plutôt devoir représenter la *Periplaneta Americana* grossie ? — Comp. page 71, n° 15.

[1] Dissertation sur la génération et les transformations des Insectes de Surinam, etc., in-folio. La Haye, 1726.

ERRATA ET EMENDANDA [1].

Page 13, ligne 2 à partir du bas, et page 14 et ligne 15, au lieu de : *Heussleriana*, lisez *Heusseriana*.

» 13, 14, 15, au lieu de : *Brachycola*, lisez : *Hormetica*,

» 16, ORGANES DU VOL. Comparez l'explication de la planche Ire qui sert de complément à cet article.

» 18, premier paragraphe, lignes 10, 11. Nous avons reconnu qu'il fallait renoncer au terme de *champ postérieur* pour l'élytre. En effet, le nom de *champ postérieur* a toujours été appliqué dans l'aile au champ anal ; par conséquent si l'on voulait employer ce terme pour l'élytre, il faudrait, pour éviter les confusions, l'appliquer aussi au champ anal (A) et non au champ discoïdal (D). Au lieu de : *champ postérieur de l'élytre*, il faudrait donc dire : *partie postérieure du champ discoïdal de l'élytre*. Mais comme dans l'étude des Orthoptères les organes du vol sont en général supposés en état d'extension, il est préférable de dire : *partie externe du champ discoïdal* (fig. 1, P).

» 19, ligne 15, au lieu de : *fig. 20*, lisez : *fig. 21*.

» 19, » 20, au lieu de : (*fig. 2*, A), lisez : (*fig. 2*, *x*).

» 20, 2° Pour expliquer les traits caractéristiques des ramifications des nervures dans la description des espèces, j'ai en général préféré suivre le trajet des principales veines, en partant de la base de l'organe et en indiquant comment elles se divisent à mesure qu'elles avancent vers l'extrémité.

» 22, ligne 7, au lieu de : *Enthyrrapha*, lisez : *Euthyrrapha*.

» 23, » 4 à partir du bas, au lieu de (P), mettez : (A).

» 24, » 4 à partir du bas, au lieu de : l'analogue de la *première discoïdale* (V. intercalée), lisez : *l'analogue de la 2me v. discoïdale* (*v. internomedia*, Fisch.)

» 25, ligne 3, lisez : partagé par une nervure longitudinale ou *veine vitrée* (qui correspond probablement à la première v. discoïdale de l'élytre, *v. intercalata*, Fisch.), et réticulé par carrés, etc.

» 25, ligne 11. Ce paragraphe doit être rectifié comme suit. Au lieu de : elle semble avoir absorbé toutes les veines longitudinales du champ discoïdal (*v. subexternomedia*, *v. intercalata*, *v. internomedia*, Fisch.), lisez : elle semble correspondre à la *v. internomedia* de Fisch.

» 27, note, lisez : Voyez aux genres *Prosoplecta*, *Plectoptera* et *Diploptera*.

[1] Pour éviter toute confusion, on est prié d'introduire les principales corrections dans le *texte*.

Page 28, ligne 7 à partir du bas, au lieu de : ou *sous-anale*, lisez : ou *sous-anale*, Serville. On ne doit pas confondre la plaque sous-anale Serville avec les *lobes sous-anaux* ou *plaque sous-anale*, Sauss. Comp. page 265.

» 42, dernière ligne, au lieu de : *Prosoplecta*, lisez : *Diploptériens*.

» 46, lignes 6 et 11, lisez : NUDITARSÆ.

» 46, au tableau des genres correspondants ajoutez :

	Spinosæ.	*Muticæ*.	*Nuditarsæ*.
7 *bis*, Prothorax à capuchon très-prononcé ; élytres grands, coriacés	0	Schizopilia.	Petasodes.
9. Formes larvoïdes, corps aptère	Polyzosteria.	Aptera.	0

» 71, » 16 à partir du bas, biffez : *fig. 12*.

» 73, n° 18, doit porter le nom de : P. RHOMBIFOLIA, Stoll. (Comp. p. 267). — Ajoutez à la synonymie : Stoll. Kakerl. tab. III^{d}, fig. 13 (subimago).

» 80, biffez la ligne 17 : 1. *Organes du vol*, etc.

» 81, biffez les lignes 14, 15, 16, qui font double emploi avec la page 80.

» 142, note, au lieu de : *Phlebonotum*, lisez : *Phlebonotus*.

» 208, ligne 4, au lieu de : Fig. 35, lisez : Fig. 32.

» 218, n° 113, ajoutez aux synonymes : Guérin, Insectes de Cuba (l. l.), pl. 13, fig. 7, ♀.

» 219, ligne 9, au lieu de : NUDITARSÆ, mettez : BLABERIENS. (Comp. p. 47 et 145.)

» 234, n° 117, ajoutez : (fig. 1-4 et 38.)

» 235, n° 117, après la diagnose latine, ajoutez comme synonyme : *Blab. Mexicana*, Sauss. Revue de Zoologie, XIV, 1862, 233.

» 248, n° 129. Lisez : BLABERA CAPUCINA, *Sauss.*, et ajoutez comme synonyme : *Bl. capucina*, Sauss. Revue de Zoologie, XIV, 1862, 234.

» 250, n° 131, ajoutez comme synonyme : *Blabera deplanata*, Sauss. Revue de Zoologie, XVI, 1864, 348, 68.

EXPLICATION DES PLANCHES.

PLANCHE I.

Fig. 1. Élytre gauche de *Blabera Mexicana* (n° 117) pour montrer les veines principales et les champs.

t. Tronc huméral. — *h*. Veine humérale (ou principale). — *h' h''*. Branches terminales de cette veine ; *h'*. rameaux de la branche antérieure; *h''*. rameaux de la branche postérieure, formant le bout de l'aile. — *a*. Sillon anal (ou dorsal).

M. Champ marginal compris entre le bord et la v. humérale. — D. Champ discoïdal. (P. Partie postérieure ou externe du champ discoïdal.) — *s*. Veine scapulaire, partageant le champ marginal ; la portion basilaire de ce champ (B) forme l'*aire scapulaire* ou *basilaire*.

Fig. 2. Le même élytre pour montrer la vénulation complète (lettres comme pour la fig. 1).

s'. Veines costales scapulaires (ou branches de la v. scapulaire). — *c*. Veines costales principales (ou branches antérieures de la v. humérale). — *d*. Première veine discoïdale. — *d'*. Ramifications de la seconde veine discoïdale. — *l*. Secteurs discoïdaux. — *x*. Veines axillaires.

Fig. 3. Aile gauche de *Blabera Mexicana*, pour montrer les veines principales et les champs.

t. Tronc huméral. — *h*. Veine humérale ou principale (formant le bout de l'aile). — *a'*. Veine anale antérieure [1]. — *a*. Veine anale postérieure [2].

M. Champ marginal, compris entre le bord antérieur et la v. humérale (*h*). — D. Champ discoïdal, compris entre la v. humérale (*h*) et la veine anale antérieure (*a'*). — A. Champ postérieur ou anal.

s. Veine scapulaire, partageant le champ marginal. (Elle porte, en général, à l'extrémité de petites branches costales.) — *d*. Veine discoïdale [3] (ou 2me discoïdale), partageant le champ discoïdal. — V. *Aire vitrée*, ou portion antérieure du champ discoïdal, comprise entre la v. humérale (*h*) et la v. discoïdale (*d*). — *c*. Échancrure anale, et *triangle intercalé*, petit espace membraneux situé entre le champ antérieur et le champ postérieur. (Comp. fig. 10, *a'*.)— *c*. Espace inter-anal, tantôt membraneux, tantôt coriacé, qui remplit l'intervalle entre la base des deux champs, ou entre les deux veines anales.

Fig. 4. La même aile, pour montrer la vénulation complète. (Lettres comme pour la fig. 3.)

[1] *V. subinternomedia*, Fisch.
[2] *V. analis*, Fisch.
[3] *V. internomedia*, Fisch. — Comp. ci dessus, Errata, page 269, au renvoi de la page 24.

c. Veines costales principales, ou rameaux antérieurs de la v. humérale. — *v.* Veine vitrée (ou 1re v. discoïdale[1]). — *r.* Secteurs discoïdaux. — *x.* Rayons axillaires.

Fig. 5. Prothorax du *Paratropes histrio*, Sauss., grossi.

Fig. 6. *Paratropes Lycus*, Sauss., ♂. — 6 *a.* Extrémité de l'abdomen vue en dessous.

Fig. 7. *Paratropes Heydenianus*, Sauss., ♀, grossi.

Fig. 8. *Paratropes subsericeus*, Sauss., ♂.

Fig. 9. Tête et prothorax de la *Nyctobora obscura*, Sauss., ♀, grossis.

Fig. 10. *Periplaneta alaris*, Sauss., ♂. — *a'*. Le triangle intercalé de l'aile.

Fig. 11. *Ischnoptera brevipennis*, Sauss., ♀.

Fig. 12. Prothorax de l'*Ischnoptera Peruana*, Sauss.

Fig. 13. *Blatta borealis*, Sauss., ♀.

Fig. 14. *Blatta Cubensis*, Sauss., ♀, un peu grossie.

Fig. 15. *Blatta Cubensis*, Sauss., ♂, un peu grossie.

Fig. 16. *Blatta lævigata*, Pal. Beauv., ♀.

Fig. 17. Élytre de *Blatta delicatula*, Guér., (n° 43).

s. Aire scapulaire. — *c.* Veines costales (les dernières sont rameuses). — *d.* Première veine discoïdale fondue à sa base avec la v. humérale, émettant trois secteurs longitudinaux. — *d'*. Seconde veine discoïdale (restant simple chez cette espèce). — *l.* Secteurs discoïdaux qui remplissent la partie externe du champ discoïdal (*p*).

Fig. 18. Élytre de *Blatta ericetorum*, Wesm. pour servir de comparaison. — Ici, la 1re v. discoïdale est tout entière fondue avec la v. humérale, et les secteurs discoïdaux (*l*) émanent directement de la v. humérale, sur laquelle ils sont comme pennés. — *d.* 2me v. discoïdale fondue à sa base avec le tronc huméral, et émettant trois secteurs obliques.

Fig. 19. *Blatta capitata*, Sauss., ♂, grossie.

Fig. 20. *Blatta buprestoïdes*, Sauss., ♀, grossie.

Fig. 21. Élytre de *Thyrsocera Tolteca*, Sauss. (n° 61. — Lettres comme pour la fig. 17.— *d.* 1re v. discoïdale bifurquée (formant deux secteurs longitudinaux.) — *d'*. 2me v. discoïdale bifurquée; sa branche postérieure contournant l'extrémité du champ anal et formant une petite crosse *n*, d'où partent divers secteurs. (Les secteurs discoïdaux sont interrompus à la hauteur de l'extrémité du champ anal.)

PLANCHE II.

Fig. 22. *Epilampra (Notolampra) lucida*, Sauss., ♀. (Le bord postérieur du prothorax est un peu trop ondulé.)

Fig. 23. Le même, ♂.

Fig. 24. *Epilampra Heusseriana*, Sauss., ♀, grossie.

Fig. 25. *Epilampra Burmeisteri*, Guér., ♀.

Fig. 26. *Epilampra Mexicana*, Sauss., ♂.

Fig. 27. *Hypercompsa fenestrina*. Sauss., ♀, grossie. (Cette figure a été renversée sur la planche; l'élytre et l'aile représentés sont ceux du côté gauche, non ceux du droit.)

[1] *V. intercalata*, Fisch. — Comp. Errata, au renvoi de la page 25.

Fig. 28. Aile de *Diploptera silpha*, Sauss. grossie. (Comp. fig. 3 et 4; et p. 166 et 178.) *l l'*. Pli longitudinal de l'aile. — *l*. Pli longitudinal de la portion basilaire situé entre les deux veines anales. — *l'*. Pli longitudinal de la portion réfléchie traversant l'espace membraneux médian.

1° *Zone antérieure* ou *champ antérieur*. (Comp. fig. 3 et 4.) — *t t'*. Charnière ou pli transversal de l'aile. — B. Bande cornée qui occupe le bord antérieur (*aire basilaire*). — *s*. Veine scapulaire. — *h*. Veine humérale. — *v*. Veine vitrée. — *d*. Veine discoïdale dans la portion basilaire. — *d'*. Branche antérieure de cette veine dans la portion réfléchie. — *d''*. Branche postérieure. — *l*. Veine anale. (Entre la v. anale et la v. discoïdale est une *v. discoïdale intercalée* qui remplace les secteurs discoïdaux.)

2° *Zone renversée* ou *portion antérieure du champ anal*. — *l*. Veine anale postérieure. — *δ*. Continuation de cette veine dans la portion réfléchie. — *δ'* 1re v. axillaire ou homologue de la veine discoïdale (*d*). — *δ'*. Continuation de cette veine dans la portion réfléchie. — *ν*. 2me veine axillaire ou homologue de la veine vitrée (*v*).

3° *Zone rayonnée* ou *portion postérieure du champ anal*. — A. Champ rayonné parcouru par les rayons axillaires normaux.

Fig. 29. *Panchlora Lancadon*, Sauss., ♀. (La vénulation de l'aile n'est pas très-exacte.)

Fig. 30. *Panchlora Zendala*, Sauss., ♀, un peu grossie.

Fig. 31. *Panchlora Azteca*, Sauss., ♀.

Fig. 32. *Proscratea Peruana*, Sauss., ♀.

Fig. 33. *Zetobora Peruana*, Sauss., ♀. (Le prothorax est trop allongé; sa courbure antérieure est trop forte; ses bosselures ne sont pas parfaitement bien rendues.)

Fig. 34. Prothorax de la *Zetobora* (*Tribonidium*) *monastica*, Sauss., ♂, grossie. — *c*. Capuchon. — *e*. Arêtes des épaules.

Fig. 35. *Hormetica trilobita*, Sauss., ♀.

Fig. 36. *Polyphaga* (*Homeogamia*) *Mexicana*, Burm., ♀. — 36 *a*. Extrémité du corps vue en dessous; *e*, élytres; *p*, plaque sur-anale; *s*, plaque sous-génitale; *r*, extrémité comprimée et fendue de la plaque sous-génitale.

Fig. 37. La même, ♂.

Fig. 38. Prothorax de la *Blabera Mexicana*, Sauss., ♀.

Fig. 39. Prothorax de la *Blabera Sulzerii*, Guérin, ♀.

Fig. 40. Tarse postérieur de *Blabera Mexicana*, Sauss.

Fig. 41. *Blabera Claraziana*, Sauss., ♀.

Fig. 42. La même, ♂.

Fig. 43. *Blabera capucina*, Sauss., ♂.

TABLE ANALYTIQUE DES MATIÈRES

TABLE ALPHABÉTIQUE DES MATIÈRES

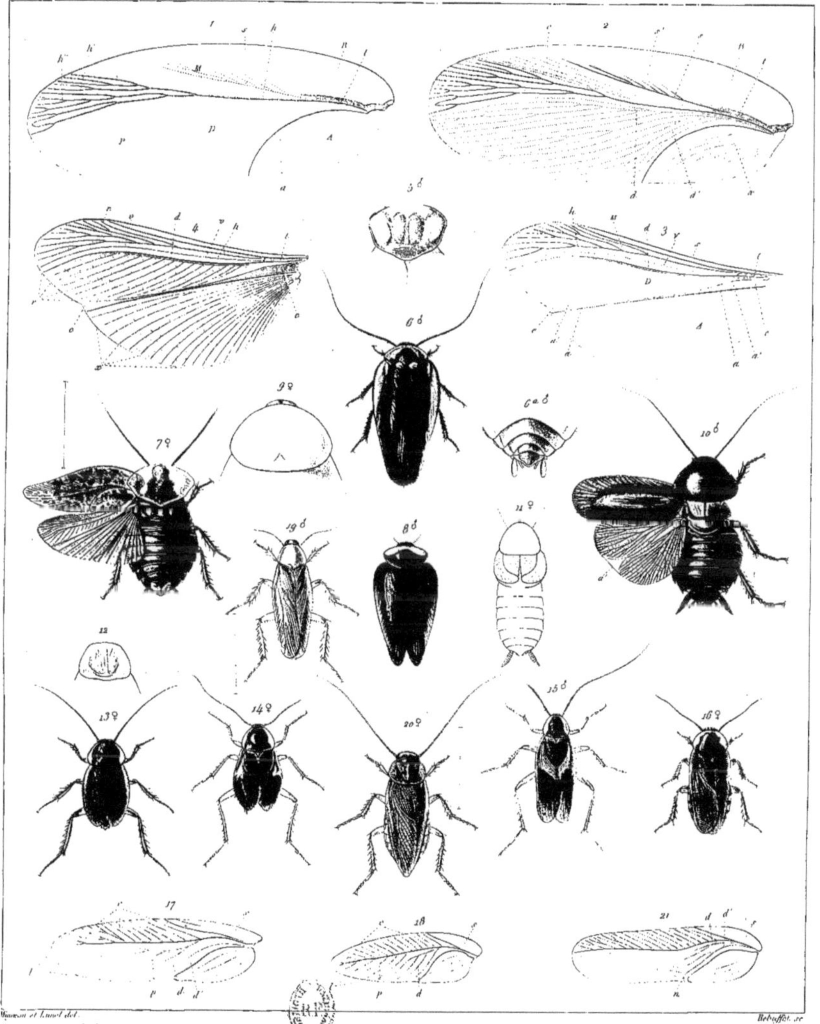

Mimeur et Lunel del. Rebuffet sc.

1. 4. BLABERA Mexicana. — 5. PARATROPES bistrio. — 6. P. Lycus. — 7. P. Heydenianus. — 8. P. subsericeus.
9. NYCTOBORA obscura. — 10. PERIPLANETA alaris. — 11. ISCHNOPTERA brevipennis. — 12. I. Peruana. —
13. BLATTA borealis. — 14. 15. BL. Cubensis. — 16. BL. laevigata. — 17. BL. delicatula. — 19. BL. capitata. —
20 BL. buprestoïdes. — 21. THYRSOCERA Tolteca.

Paris, Imp. Geny-Gros, rue St Jacques, 33.

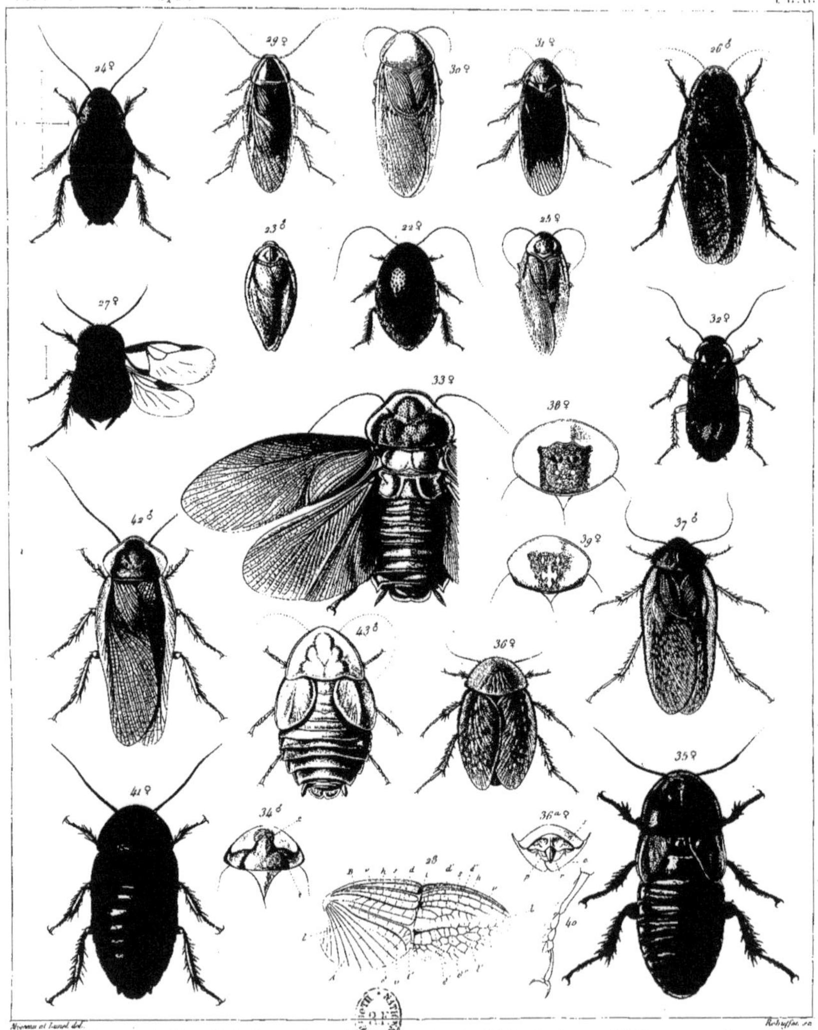

Mignon et Lunel del. Rebuffet sc.

22, 23. EPILAMPRA lucida. — 24. EP. Heusseriana. — 25. EP. Burmeisteri. — 26. EP. Mexicana. — 27. HYPERCOMPSA fenestrina. 28. PROSOPLECTA (Diploptera) silpha. — 29. PANCHLORA Lancadon. — 30. P. Zendala. — 31. P. Azteca. — 32. PROSCRATEA Peruana. — 33. ZETOBORA Peruana. — 34. Z. Monastica. — 35. HORMETICA trilobita. — 36, 37. HOMŒOGAMIA Mexicana. 38. BLABERA Mexicana. — 39. BL. Sulzeri. — 41, 42. BL. Claraziania. — 43. BL. capucina.

Paris Imp. Geny-Gros rue St Jacques 33

OUVRAGES DU MÊME AUTEUR

Études sur la famille des Vespides; 3 vol. gr. in-8° et atlas. Prix : 144 fr.

Mélanges hyménoptérologiques; 2 fascicules in-4°. Prix : 12 fr.

Mélanges orthoptérologiques; 1 fascicule in-4°. Prix : 6 fr.

Mémoires pour servir à l'Histoire naturelle du Mexique, des Antilles et des États-Unis; grand in-4°, planches coloriées :

Crustacés....... Prix : 9 fr.
Myriapodes...... Prix : 16 fr. 50.

Notes sur les Mammifères du Mexique; br. in-8°, pl. color. Prix : 5 fr.

Coup d'œil sur l'hydrologie du Mexique; 1re partie, in-8°, avec cartes. Prix : 6 fr.

Carte du Mexique, surtout de la partie orientale, etc., 2 feuilles gravées. Prix : 5 fr.

CHEZ LES MÊMES LIBRAIRES :

Catalogus specierum generis Scolia, conscripserunt H. de Saussure et J. Sichel; 1 vol. in-8°, planches coloriées.

www.ingramcontent.com/pod-product-compliance
Ingram Content Group UK Ltd.
Pitfield, Milton Keynes, MK11 3LW, UK
UKHW012043240726
13965UKWH00003B/1016

9 782013 069830